Ravensburger Freizeit-Taschenbücher Band 35

Jack Harvey

Gewürz- und Heilkräuter

Selber anbauen – vielseitig verwenden

Otto Maier Verlag Ravensburg

Deutsche Erstausgabe
Die englische Originalausgabe
erschien unter dem Titel „Herbs“
bei Macdonald Educational Ltd.
(ISBN 0-356-06404-2)

Übersetzung: Lexa Katrin von Nostitz,
Hamburg
Umschlagfoto: Franz Lazi, Stuttgart
Satz: Hümmer KG, Waldbüttelbrunn
Druck und Verarbeitung: Appl,
Wemding
Printed in Germany

83 82 81 5 4 3 2

ISBN 3-473-43035-8

Inhalt

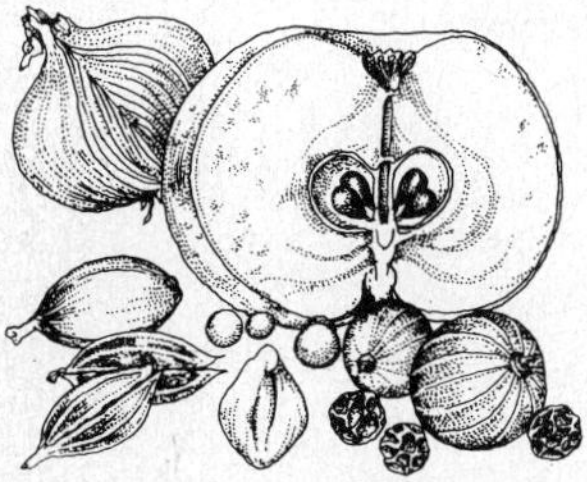

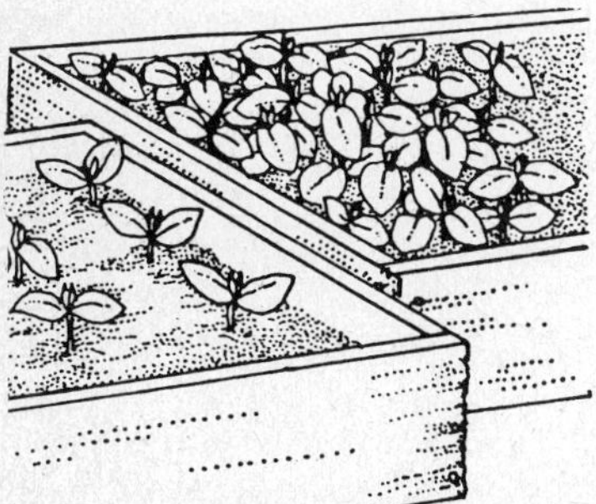

Wissenswertes

Praktische Tips – Nützliche Anleitungen

Zum Nachschlagen

Unser Wissen von den Kräutern

Ja, was wissen wir eigentlich von Kräutern? Die meisten werden sogleich an die Gläser und Dosen mit getrockneten Kräutern denken, die es in allen Supermärkten gibt. Auch Geschenkboutiquen führen sie in gleichartigen Päckchen mit dekorativer Aufschrift. Und dann weiß fast jeder, daß Kräuter Duft spenden. Seifen, Parfüms und Puder tragen auf der Verpackung Bilder von Farn, Lavendel oder Maiglöckchen.

Unter den Hunderten von Pflanzen, die der Welt einen angenehmen Duft verleihen, befindet sich auch die Minze. Die am häufigsten vorkommende Art ist die *Grüne Minze*. Ebenso wie der Meerrettich wird sie in großen Mengen angebaut und in Flaschen als Sauce zum Fleisch angeboten. Doch die *Pfefferminze* ist wirtschaftlich bedeutender. Sie enthält Menthol, ein Öl, das köstliche, die Zähne jedoch schädigende, Schokoladen, Bonbons und Kaugummis würzt. Es verleiht auch einigen Zigarettenmarken einen besonderen Geschmack.

Andere Raucher mögen „Kräuter"-Tabak, der aus den getrockneten Blättern von Huflattich, Heilziest und Augentrost hergestellt wird. Doch schließlich besteht jeder Tabak aus getrockneten Blättern, und so ist sogar eine Havannazigarre nichts anderes als eine Kräutermischung.

Heilmittel und Fluch

Die meisten Leute wissen, daß Kräuter als Medizin verwendet werden. Vermutlich zählen manche diese alten Heilmittel einer vergangenen ländlichen Lebensweise zu. Weißbekittelte Chemiker in blanken Laboratorien haben sie scheinbar überflüssig gemacht. In Wirklichkeit aber behandeln Kräuterdoktoren ihre Patienten noch heutzutage erfolgreich. Außerdem sind die großen pharmazeutischen Unternehmen auf Kräuter für viele ihrer Heilmittel angewiesen: vom Menthol, das eine verstopfte Nase befreit, bis zum Morphium, das einer schweren Krankheit den Schmerz nimmt.

Die Eigenschaft der Kräuter, zu töten oder zu heilen, kommt sogar dem nüchternen Verstand des aufgeklärten Menschen spanisch vor.

Lateinische Namen werden verwendet, um die Verwirrung zu vermeiden, die dadurch entsteht, daß ein und dieselbe Pflanze regional verschiedene Namen trägt. Der Löwenzahn wird als Taraxacum officinale *bezeichnet. Der Gattungsname der Pflanze erhält einen Großbuchstaben, die Artbezeichnung wird klein geschrieben. Im Falle von Gartenpflanzen gibt es oft auch noch einen dritten Namen für Sorten innerhalb einer Art.*

Der Löwenzahn ist eine der gewöhnlichsten Pflanzen, die man zu den Kräutern zählen kann. Fast jeder Teil der Pflanze ist auf irgendeine Weise nützlich.

Löwenzahnwein wird aus den Blüten hergestellt. Es gibt dafür viele Rezepte. Für jeden Liter Wein benötigt man einen Liter Blüten.

Blätter und Stengel kann man hacken und an einen Salat geben oder für einen medizinischen Tee verwenden. Man sagt, er lockere steife Gelenke und behebe Verdauungsstörungen.

Aus den gerösteten Wurzeln des Löwenzahns kann man einen würzigen Kaffee zubereiten. Ein Aufguß aus rohen Wurzeln gilt als lindernd bei einigen Beschwerden der Leber.

Es ist daher nicht erstaunlich, daß die Kenntnis von den Kräften der Pflanzen stets mit Hexen, Medizinmännern und Priestern in Verbindung gebracht wurde. Sogar die Namen der Kräuter haben einen geheimnisvollen Klang: Schierling, Bilsenkraut, Natterzunge, Nachtschatten, Mondraute, Gemswurz. Hinter diesen poetischen Begriffen, die aus einem Schauspiel des 16. Jahrhunderts stammen könnten, verbergen sich einige der tödlichsten Gifte des Wiesenrains. Wer mit solchen Kräutern umgehen konnte, wußte sich vor seinen Feinden zu schützen.

Die Bedeutung des Wortes Kraut

Ein so vielseitiger Begriff wie Kraut ist schwer zu definieren. Das lateinische Wort *herba* bedeutet Halm, Kraut oder Gras. Die Biologen bezeichnen die meist unverholzten Pflanzen, die nach einmaliger Blüte und Fruchtreife absterben und sich durch Samen fortpflanzen, als Kräuter. In diesem Buch wird das Wort Kraut für jede Pflanze verwendet, deren Wurzel, Stengel, Blatt, Blüte oder Frucht zum Würzen anderer Speisen dient und nicht allein verzehrt wird. Orientalische Gewürze sind mit eingeschlossen. Die Blütenknospen, die Gewürznelken genannt werden, und die Früchte der Pfefferpflanze sind ebenso echte Kräuter wie jedes andere exotische Gewürz.

Das Wort Kraut schließt auch Heilpflanzen mit ein und Pflanzen, die in Kosmetika oder als Farbstoffe verwendet werden. Und schließlich kommen Pflanzen hinzu, die aufgegossen werden, ob für Holunderwein, Nesselbier oder als alkoholfreier Tee.

Der Mensch in der Wildnis

Der Mensch der Frühzeit war, wie auch die Affen, hauptsächlich Vegetarier. In seinem vertrauten Gebiet behielt er wahrscheinlich den Instinkt des wilden Tieres bei und mied Nahrung, die ihm schaden konnte. Doch als er die Fertigkeiten entwikkelte, Waffen anzufertigen, Fallen zu stellen und zu kochen, begann er, seine Jagdgebiete immer weiter auszudehnen. Dieser nun fleischessende Mensch aß zwar immer noch wilde Kräuter, doch waren sie ihm nicht mehr so vertraut, und die Folgen dürften manchmal verhängnisvoll gewesen sein.
Wegen ihrer unermeßlichen Nutzen und Gefahren erscheinen Pflanzen in vielen religiösen Mythen. Diese Mythen wurden erschaffen, um den Kreislauf der Jahreszeiten und andere Rätsel des Lebens zu begründen. Sie wurden erst viel später niedergeschrieben, bieten aber dennoch Anhaltspunkte dafür, wie der einfache Verstand arbeitete.

Das allmächtige Kraut

In der Frühzeit jeder Gesellschaft gibt es einen Glauben an die göttliche Zauberkraft der Kräuter. Herakles schenkte den Göttern des Olymp den Sieg über die Titanen, als er ihnen das „Kraut der Unverwundbarkeit" gab. Im alten Testament konnte Rahel, das unfruchtbare Weib des Jakob, ihrem Gatten erst mit Hilfe von Alraunen, die ihr Stiefsohn Ruben ihr verkaufte, einen Sohn schenken. In Indien erlangten die wedischen Götter Unsterblichkeit durch den Kräutertrank Soma. Der Gott der Juden befahl seinem Volk, das Passahlamm mit bitteren Kräutern zuzubereiten und fügte damit ihrer eng mit der Religion verbundenen Ernährung ein weiteres Detail zu.

Das Menschenopfer

Menschenopfer wurden in alten Zeiten oft gebracht, um die Ankunft des Frühlings zu beschleunigen. In Assyrien starb der Gott Tammuz alljährlich und wurde von der Göttin Ischtar wieder zum Leben erweckt. Die Griechen kannten Tammuz unter der Bezeichnung Adonis oder Herr. Das Adonisröschen *(Adonis annua)* verdankt ihm seinen lateinischen Namen und seine scharlachrote Farbe angeblich seinem Blut. Einst wurde es zur Behandlung von Herzkrankheiten verwendet.
Der Tollund-Mann war ein weiteres Opfer. Sein 2000 Jahre alter Körper wurde in einem dänischen Torfmoor gefunden. Er war so gut erhalten, daß sein Mageninhalt untersucht werden konnte. Seine letzte Mahlzeit enthielt Leindotter, Fetthenne, Windenknöterich und das wilde Stiefmütterchen. Dieses Mahl war gewiß nicht typisch für die Ernährung des Stammes. Man weiß zum Beispiel, daß diese Menschen

Fleischesser waren. Das Rezept muß als Teil des Opferrituals zubereitet worden sein. Das Stiefmütterchen spielt eine Rolle in vielen, von bösen und guten Hexen verwendeten mittelalterlichen Liebestränken und hat eine leicht narkotische Wirkung.

Die Menschen, die den Tollund-Mann töteten, verbrachten ihr Leben mit der Erzeugung von Nahrung, die sie verzehrten. Beim Opfermahl aber blickten sie zurück auf eine Zeit, bevor sie Getreide anbauten und Vieh hielten. Damals waren wilde Kräuter ihre wichtigste Nahrungsquelle.

Die Hexe verwendete Kräuter, um Kranke zu heilen, wurde jedoch gefürchtet, weil sie kenntnisreich und mächtig war. Möglicherweise bedienten sich die Hexen auch berauschender Kräuter, die sie glauben ließen, sie könnten fliegen.

Kräutermythen

Kräuter waren Teil der religiösen Magie vieler Kulturen und erscheinen oft in ihren Legenden. Typisch dafür ist die 5000 Jahre alte Legende von Gilgamesch und dem „Kraut der Unsterblichkeit". Gilgamesch war König von Uruk am Euphrat. Seine Mutter war eine Göttin, sein Vater aber war ein Mensch. Gilgamesch und sein Freund Enkidu machten eine lange Reise in das „Land der Zedern" und töteten einen Riesen, dessen „Kinnbacken der Tod selbst" waren. Nach Enkidus Tod ging Gilgamesch auf die einsame Suche nach dem ewigen Leben. Er traf einen Mann namens Utnapischtim, der ihm von einem Kraut erzählte, das tief im Meer verborgen läge und einem Menschen die verlorene Jugend zurückgeben könne.

Gilgamesch fand das „Kraut der Unsterblichkeit". Doch kaum war er an Land gekommen, wurde es ihm von einer Schlange gestohlen. Da endlich begriff der Held, daß er eines Tages sterben müsse.

Der moderne Mensch erbeutet seine Nahrung in den Regalen und Tiefkühltruhen des nächstgelegenen Supermarkts. Wie viele von denen, die abgepackten, getrockneten Salbei kaufen, würden eine Salbeipflanze im Freien erkennen?

Das Zeitalter der Supermärkte

Das Leben des modernen Menschen ist ganz anders. Die Fähigkeit, Tiere zu jagen oder gesundheitsfördernde Kräuter zu erkennen, ist für ihn nicht mehr notwendig. Spezialisten produzieren die Nahrung, und alle übrigen können sich anderen Beschäftigungen widmen. Die Menschen wissen nicht mehr, wie ihre Nahrung produziert wird oder was mit ihr geschieht, bevor sie sie kaufen.

Die wilden Kräuter, die unseren Vorfahren Nahrung, Medizin und eine Grundlage für ihr religiöses Leben gaben, werden heute als Un-Kraut betrachtet. Chemische Bekämpfungsmittel und eine wachsende Bevölkerung lassen wilden Pflanzen immer weniger Raum. Das Interesse an Kräutern und Gewürzen ist kürzlich wiederbelebt worden, aber nur, um den Geschmack überraffinierter Nahrungsmittel zu verbessern. In früheren Zeiten waren Kräuter ein wichtiger Teil der Verbundenheit des Menschen mit dem Universum, in dem er lebte.

Die ersten Kräuterkundigen

Einige der ersten Bücher wurden von Botanikern geschrieben. Das Pflanzenbuch des chinesischen Kaisers Schen-nung soll auf das Jahr 2700 vor Christus zurückgehen. Um die gleiche Zeit gab es in Ägypten 2000 Kräuterdoktoren. Sie behandelten ihre Patienten mit sorgfältig dosierten Mengen der aus Mohn und Herbstzeitlose gewonnenen Gifte. In Indien verwendete die jadschurwedische Schule der Medizin eine Liste von 700 Kräutern, und den Assyrern waren sogar noch mehr bekannt.
Hippokrates wird oft der „Vater der Medizin" genannt. Der Eid des Hippokrates ist noch heute für das Verhalten des Arztes gültig. Er wurde im Jahre 477 vor Christus geboren und verschrieb Kräuter, darunter Wermut und Estragon. Er empfahl Raute und Knoblauch zur Linderung der Geburtswehen.
Die ausführlichste Darstellung römischer Pflanzenkunde liefert die Naturgeschichte von Plinius dem Älteren. Acht der 37 Bände sind medizinischen Pflanzen gewidmet. Poleiminze wird bei Fieber empfohlen, Basilikum als Aphrodisiakum und Sanddisteln zur Reinigung des Atems.
Die beiden großen Ärzte jener Zeit waren Griechen. Die Namen Dioskurides und Galen beeinflußten die Pflanzenkunde 1500 Jahre lang. Galen war der Leibarzt des Kaisers Mark Aurel und behandelte Krämpfe mit Rhabarber, der aus China eingeführt wurde. Dioskurides diente in Neros Heer. Lavendel und Lakritzenwurzel waren zwei seiner bevorzugten Heilmittel. Er behauptete sogar, ein während des Geschlechtsverkehrs getragenes Amulett aus Heliotrop verhüte eine Empfängnis.

Wie die Kräuter ihre Namen erhielten

Die alten deutschen Namen der Kräuter, wie Magenwurzel für Knoblauch, Badekraut für Liebstöckel und Frauenkraut für Melisse, zeigen an, wofür sie nützlich waren. Andere Kräuter verdanken ihre Namen der Mythologie. Iris war die „vielfarbige Botin der Götter", und der Echte Alant erhielt seinen lateinischen Namen *Inula helenium* nach der schönen Helena. Der Salbei trägt den lateinischen Namen *Salvia officinalis* wegen seiner Heilkraft. *Officinalis* als Artbezeichnung weist darauf hin, daß er einst in Apotheken verkauft wurde.
Der Mensch der Frühzeit war überzeugt von der Beziehung zwischen Kräutern und Sternen. Pflanzen wuchsen und vergingen mit den Jahreszeiten, ebenso wie Sterne und Planeten über den Himmel wanderten. Altassyrische Priester zeichneten diese Himmelsbewegungen mit großer Genauigkeit auf.

Sie begannen, sie in das System einzufügen, das wir den Tierkreis nennen. Der Planet Venus war der Liebesgöttin heilig und der Mars dem Kriegsgott. Noch im Jahre 1650 sagte der Botaniker Nicholas Culpeper „Alle Menschen, die nicht Gelehrte der Astrologie sind, sind untauglich als Ärzte."
Die Verordnung von Kräutern wurde erschwert durch den Glauben an die *Lehre von den Merkmalen*, eine Abhandlung, in der behauptet wurde, die Heilwirkung der Pflanzen könne an ihrem Aussehen erkannt werden. Die parallelen Adern der Wegerichblätter sahen aus wie menschliche Rippen und wurden deshalb zur Behandlung von Rheumatismus verwendet. Ackergauchheil, Klette und Rotklee wurden wegen ihrer roten Farbe zur Reinigung des Blutes für geeignet betrachtet. Ackermennig und Schöllkraut mit ihren gelben Blüten wurden zur Linderung der Gelbsucht benutzt. Plinius sagte, Kräuter, die auf den Häuptern von Statuen wüchsen, vertrieben den Kopfschmerz. Aber er verriet nicht, wie der Leidende an sie herankommen sollte.

Avicenna war einer der großen Philosophen des Mittelalters. Er war Moslem, aber auf seine medizinische Enzyklopädie beriefen sich sowohl Juden als auch Christen mit Respekt. Die medizinische Fakultät der Universität von Salerno in Süditalien stützte sich hauptsächlich auf die islamische Botanik. Avicenna ersann ein unwahrscheinliches Mittel zur Empfängnisverhütung: Die Frau mußte zwei Liter eines Basilikumgebräus trinken.

Die Zauberkraft der Kräuter

Der Glaube an die magischen Kräfte der Kräuter war eine natürliche Reaktion auf den raschen Tod oder die glückselige Halluzination, die der Genuß von ein paar Blättern oder Beeren zur Folge haben kann. „Der goldene Esel", ein köstlicher Roman aus dem alten Rom, veranschaulicht, welche Ehrfurcht einer Person entgegengebracht wurde, die etwas von Kräutern verstand.
Der Held verliebt sich in die Dienerin einer Hexe. Jede Nacht ißt die Hexe Kräuter, die sie in eine Eule verwandeln. Nachdem er sie hat fliegen sehen, bittet der Held seine Freundin, ein paar Kräuter für ihn zu stehlen. Irrtümlicherweise verwandelt sie ihn in einen Esel. Erst nach vielen ge-

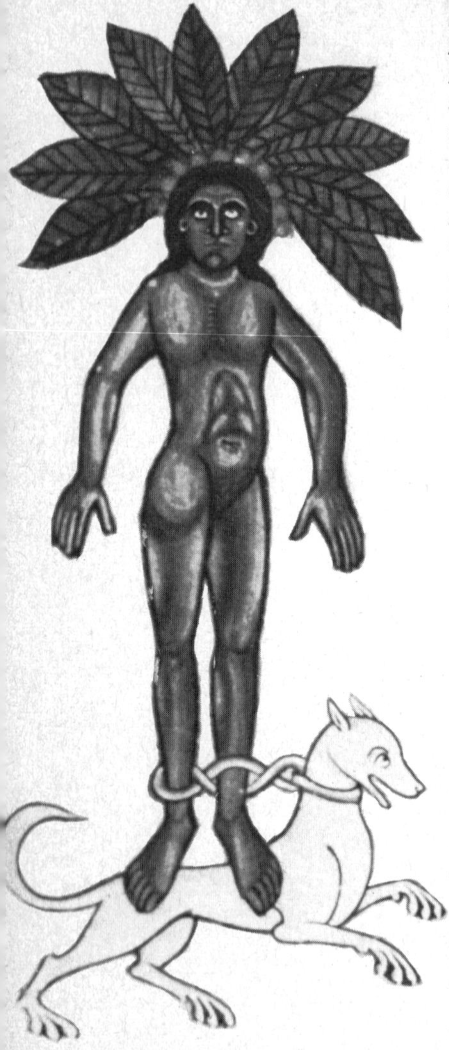

Linke Abb.:
Diese mittelalterliche Abbildung zeigt einen Hund, der an eine Alraune gebunden ist. Angeblich stieß die menschenähnlich geformte Wurzel der Mandragora Schreie aus, wenn man sie störte, und trieb denjenigen, der sie hörte, in den Tod. Deshalb banden die Kräutersammler einen Hund an die Wurzel und ließen sie von ihm aus dem Boden ziehen.

Rechte Abb.:
Nach der griechischen Mythologie begehrte der Gott Apollo die Nymphe Daphne, doch die Mutter Erde rettete sie, indem sie sie in einen Lorbeerbaum verwandelte. Apollo, der auch der Gott der Dichtkunst war, tröstete sich, indem er sich einen Kranz aus ihren Blättern wand. So kam es, daß Dichter mit Lorbeer bekränzt wurden und daß der Lorbeer den lateinischen Namen Laurus nobilis *erhielt. Den Namen Daphne trägt heute eine Gruppe giftiger Sträucher.*

fährlichen Abenteuern gelingt es ihm, seine menschliche Gestalt durch das Kauen von Rosenblättern zurückzugewinnen.
Die Rose war stets ein Zeichen geistiger Reinheit, aber auch Engelwurz und Malve boten angeblich Schutz vor Hexerei.
Der wilde Knoblauch, der heute noch die Ruinen vieler alter Klöster überwuchert, wurde gepflanzt, um den Teufel abzuwehren.
Die Pflanze, die am häufigsten für finstere Zwecke verwendet wurde, war die auf einem Weißdornbusch wachsende Mistel. Die Mistel wird höher verehrt als fast jede andere Pflanze. Plinius sagte, sie könne Fallsucht heilen. Sie war den Druiden heilig, wenn sie auf einer Eiche wuchs, denn sie hielten alles, was auf einer Eiche wuchs, für ein Geschenk des Himmels. Auch den Ainus in Nordjapan ist sie heilig, doch hoffen diese, sie auf einer Weide zu finden, die sie als den Baum des Lebens betrachten.
Der Weihnachtskuß unter dem Mistelzweig ist ein Überbleibsel alter nordischer Fruchtbarkeitsriten. Die weißen Früchte der Mistel zeigen sich, wenn die ganze Natur tot zu sein scheint; ein Kuß symbolisiert menschliche Fruchtbarkeit, und man glaubte, daß dieser mittwinterliche Ritus die schlafenden Pflanzen dazu bewegen könne, ins Leben zurückzukehren.

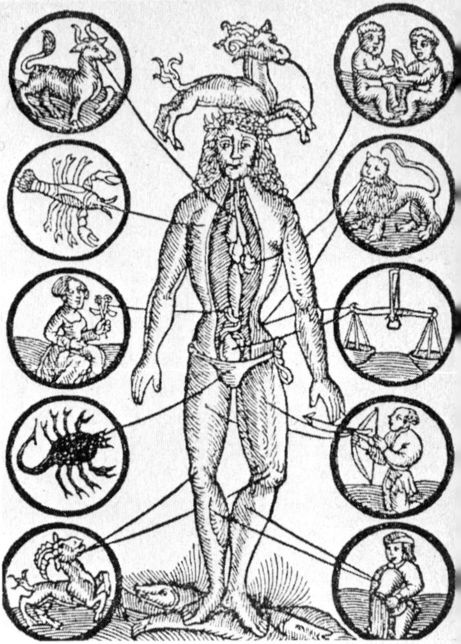

Jeder Körperteil kam unter die Herrschaft eines Tierkreiszeichens. Jedes Kraut wurde ebenfalls von einem Planeten regiert. Der Senf zum Beispiel war ein Kraut des Mars. Wenn der Mars im Sternbild des Widders stand, konnte der Senf angeblich das Gehirn reinigen, doch wenn der Planet im Skorpion stand, hatte dasselbe Kraut eine anregende Wirkung auf die Sinnlichkeit.

Der Garten der Heilkräuter

Während des Mittelalters wurden die großen Kräutergärten von Mönchen gepflegt, und es waren die Brüder und Schwestern der religiösen Orden, die Hospitäler gründeten und die Kranken pflegten. Pflanzen, die den Griechen, Galliern, Angelsachsen und Germanen bekannt waren, wurden wegen ihrer medizinischen Kräfte weiterhin kultiviert, trotz des heidnischen Aberglaubens, der mit vielen Pflanzen verbunden war. Ludwig der Fromme (778–840), der Sohn Karls des Großen, stellte eine lange Liste von Pflanzen zusammen, die auf seinen Ländereien angebaut werden sollten. Petersilie, Schnittlauch, Salbei und die meisten anderen modernen Küchenkräuter wurden auch im neunten Jahrhundert geschätzt. Unter den erlauchten Heilkräutern befanden sich Stockrose, Mutterkraut und Wolfsmilch.

Heute blicken die Menschen oft mit Entsetzen auf die brutalen Methoden der Chirurgie des Mittelalters zurück. Es wäre jedoch falsch zu denken, es hätte keine schmerzstillenden Mittel gegeben. Vor einer Amputation atmete der Patient den Geruch eines mit einschläfernden Mitteln getränkten Schwammes ein. Er war zuvor in den Saft von Opium, Bilsenkraut, Schierling, Mandragora und Efeu getaucht worden. Diese Kräuter enthalten Gifte, die den Schmerz sehr zuverlässig stillten, bei übermäßiger Verordnung aber auch töteten. Ein so präparierter Schwamm wurde von den Chinesen erfunden und von den Arabern nach Europa gebracht.

Im zwölften Jahrhundert schrieben sowohl die Äbtissin Hildegard von Bingen als auch der Abt Alexander Neckam vom Augustinerkloster in Cirencester kenntnisreich über Kräuter und ihre Verwendung. Anfang des 14. Jahrhunderts schrieb Pietro de'Crescenzi ein Buch über Gärten für den König von Neapel. Er beschreibt die Schönheit von Springbrunnen, die von niedrigen Hecken aus Raute, Salbei, Majoran und Minze umgeben sind.

Die Verbindung von Kräutern und Springbrunnen blieb bei den Italienern beliebt. Frühe Beschreibungen der prächtigen Gärten der Villa d'Este in Tivoli erzählen von Lavendelhecken, die Majoran, Ysop und andere grüne Kräuter umgeben. Heute sind die Kräuter dort verschwunden, aber die wunderbaren Springbrunnen sind geblieben.

Das gedruckte Pflanzenbuch

Die Erfindung des Buchdrucks fiel zusammen mit einer Wiederbelebung des Interesses an den alten Griechen und Römern. Bücher über Kräuter müssen in der Renaissance großen Anklang gefunden haben, denn sie wurden in reicher Anzahl herausgebracht. Galen und Dios-

kurides, Aristoteles und Hippokrates wurden auf fast jeder Seite zitiert. Viele der Illustrationen zeigen spärliche Kenntnisse von Pflanzen und waren auch geradewegs aus früheren Manuskripten kopiert worden. Die Ergebnisse sind zwar oft reizvoll anzuschauen, aber irreführend.
Eine Ausnahme ist das Kräuterbuch von Otto Brunfels (1464–1534), das in Straßburg veröffentlicht wurde. Die Zeichnungen beruhen auf genauer Beobachtung. Noch zwei Pflanzenbücher waren weitverbreitet. Das eine verfaßte Mathias de L'Obel, der in Flandern geboren war und in London starb. Das andere war

Raute: „Die Dichter sagen, sie sei gut für Kopf, Augen, Brust, Leber, Herz und Milz."

Ysop „erquickt erstarrte Sehnen und Gelenke".

von Leonhart Fuchs. Beide Männer sind in den Namen prunkvoller Gartenblumen verewigt, der Lobelie und der Fuchsie.
Die feinen Stiche von Leonhart Fuchs wurden in William Turners Pflanzenbuch, einem der ersten in England gedruckten, kopiert. Turner war Dekan von Wells und wurde in den religiösen Widerstreit hineingezogen, der auf die Auflösung der Klöster durch Heinrich VIII. folgte. Sein Buch „Die Namen der Kräuter" sowie diejenigen von Thomas Hyll und John Gerard, die bald folgten, trugen dazu bei, die von den Mön-

Guy de Chauliac überwacht das Pflanzen von Kräutern und das Zerstoßen von Drogen. Er war einer der besten Ärzte seiner Zeit. Er unterrichtete in Bologna, lehrte später in Montpellier und war zur Zeit des Schwarzen Todes Chirurg des Papstes, der damals im Exil in Avignon lebte.

chen des Mittelalters verbreitete Kunde von den Pflanzen zu erhalten.

Turner sagte, es sei sein Streben, „die Kräuter selbst zu kennen und zu sehen", und so reiste er weit umher. Gerards Kenntnis war weniger tief, aber sein Pflanzenbuch von 1597 hatte einen ungeheuren Erfolg. Der Text beruhte auf der Übersetzung eines Werkes von Rembert Dodoens. Die Bilder stammten aus einer deutschen Veröffentlichung. Gerard war jedoch begeistert von der Sache und hatte viel praktischen Sinn. Er arbeitete als Chirurg und führte außerdem die Aufsicht über Lord Burleighs Gärten in London und auf dem Gut Theobalds.

Die 1600 Seiten von Gerards Pflanzenbuch sind eine Mischung aus Leichtgläubigkeit und praktischen Ratschlägen für den Gartenbau. Mit patriotischem Entzücken widerlegt er Galens Ansicht, Salomonssiegel dürfe niemals innerlich angewendet werden. Kluge Leute in Hampshire, sagt er, tränken einen Aufguß aus den Wurzeln, um Knochenbrüche zu heilen. Über das Thema Aubergine schreibt er: ,,Ich wünschte, die Engländer würden sich mit dem Fleisch und der Sauce ihres eigenen Landes begnügen.“

Parkinson und Culpeper

Die beiden einflußreichsten Pflanzenbücher des 17. Jahrhunderts waren die Werke von Apothekern. John Parkinson widmete sein erstes Buch Königin Henrietta Maria und sein nächstes Karl I. von England. Das erste enthält einen langen Abschnitt über Kräuter. Das zweite trägt den Untertitel ,,Ein universelles und komplettes Kräuterbuch“. Er

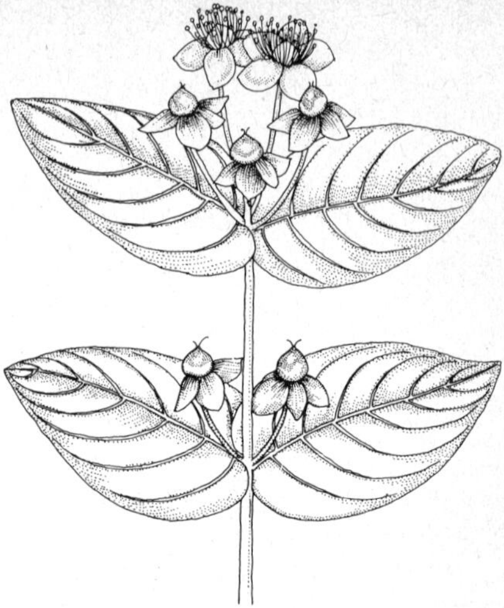

Großes Johanniskraut: ,,Die Blätter heilen gebrochene Schienbeine und schorfige Beine.“

Beifuß ,,zerbricht den Stein“.

verschrieb Baldrian denjenigen, ,,die unter Husten leiden“, und Primeln zur Linderung von Kopfschmerzen. Er sagt auch, Hennen legten im Winter besser, wenn man sie mit Hanf füttere. Er beschreibt nicht, welche Wirkung solche Eier auf diejenigen haben, die sie essen.

Nicholas Culpeper war ebenfalls ein Apotheker, der im 17. Jahrhundert in England lebte. Sein Pflanzenbuch diente zum Teil dem Bemühen, die Produkte seines Londoner Gartens zu verkaufen. Seine Werbung für pflanzliche Heilmittel ist sehr lesbar und wurde bis in moderne Zeiten oft

nachgedruckt. Die Astrologie spielt in seinen Verordnungen eine wichtige Rolle, und manchmal geht er sogar so weit, Verbindungen zwischen Kräutern und Gestirnen zu erfinden.
William Coles, dessen „Kunst des Umgangs mit Heilkräutern" im Jahre 1656 erschien, wies die Vorstellung von sich, die Sterne beherrschten Pflanzen. „Kräuter sind älter als Sonne, Mond und Sterne, die am vierten Tag erschaffen wurden, die Pflanzen aber am dritten." Leider war der aufrichtige Glaube an die Schöpfungsgeschichte nicht wissenschaftlicher als Culpepers Astrologie.

Kriechender Hahnenfuß: „Bei abnehmendem Mond in Leintuch um den Hals von Wahnsinnigen hängen."

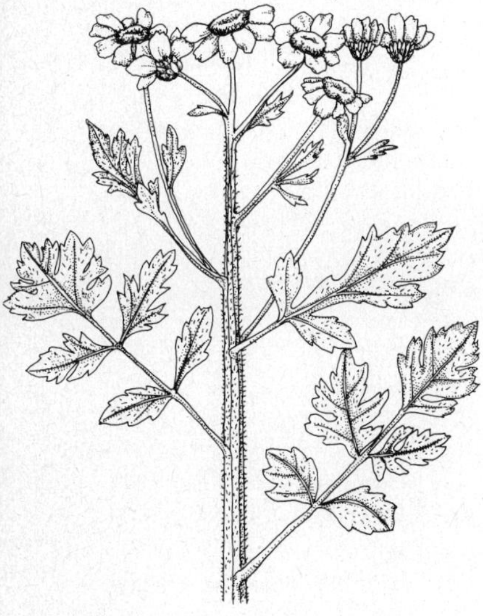

Mutterkraut „ist gut gegen Schwindelgefühl im Kopf und Drehen vor den Augen".

Die Säftelehre

Ein Glaube wurde von allen Botanikern der Renaissance geteilt. Es war Hippokrates' Lehre von den vier Säften. Körperliches und geistiges Verhalten wurden angeblich von Schleim, Blut, schwarzer Galle und gelber Galle bewirkt. Dementsprechend waren die Säfte feucht und kalt, feucht und warm, kalt und trokken, warm und trocken. Je nach der Mischung war ein Mensch entweder phlegmatisch (träge), sanguinisch (voller Lust und Energie), melancholisch (schwerblütig) oder cholerisch (aufbrausend). Auch von den Kräutern hieß es, sie seien warm, kalt,

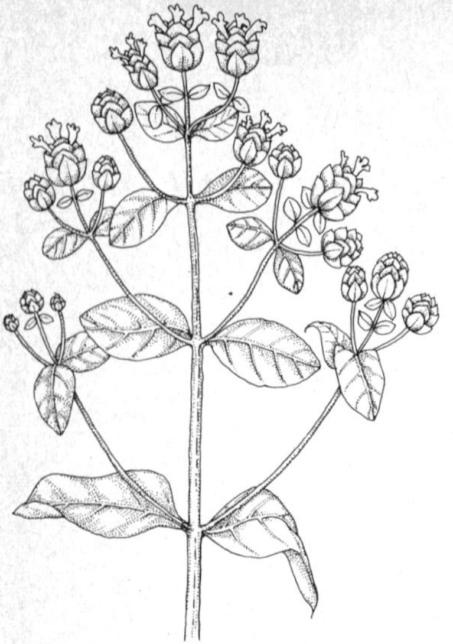

Kretischer Diptam „zieht Dornen aus den Füßen".

feucht oder trocken und könnten dem Körper ein gesundes Gleichgewicht wiedergeben, indem sie ihn von jedem Übermaß an Temperament reinigten.
Parkinson zufolge heilten drei in Wein gekochte Wurzeln das Dreitagefieber. Viertagefieber erforderte vier Wurzeln. Die Mathematik beruht auf den drei- und viertägigen Zyklen der beiden Fieber. Capsicum, die rote oder grüne Paprikaschote, wurde als warm und trocken im 4. Grad gemessen. Diese Frucht „aus der neuentdeckten Welt" war „gut für diejenigen, die von kalter Gesichtsfarbe sind". Safran war warm im 2. Grad und trocken im 1. Turner vermischte ihn mit Mohnsaft, Milch und Rosenöl, um „Pein an den Füßen" zu lindern.
Einige Leiden treten in den Pflanzenbüchern mit beunruhigender Häufigkeit auf. Parkinson empfiehlt Gartenmajoran „gegen den Biß giftiger Tiere". Basilikum ist „gut gegen den Streich eines Seedrachens". Sollte das eine Qualle gewesen sein? Wermut, Stabwurz, Eisenkraut und hundert andere Kräuter treiben Würmer hinaus.

Die gefürchtete Pest

Die Pflanzenkundigen wurden von ständig wiederkehrenden Seuchen mit Arbeit versorgt. Der Schwarze Tod von 1347–52 und die häufigen Ausbrüche der Beulenpest wurden von Rattenflöhen übertragen. Die Opfer litten unter quälenden Geschwülsten in der Leistengegend und unter den Armen, und Tausende gingen zugrunde. Die Heilkundigen waren ebenso verwirrt wie ihre bedauernswerten Patienten. Einer erinnerte sich daran, daß Galen Raute

Der Garten der Treue, einer von zehn Gärten, die der Fürst Babur in Kabul anlegen ließ. Babur war Herrscher in Nordindien und begründete im 16. Jahrhundert die Moghul-Dynastie. Er war hochgebildet, liebte Musik, Blumen waren aber seine Leidenschaft. Seine Gärtner mußten Beete mit lieblich duftenden Kräutern anbauen.

درختهای انار هم هست گرداگرد حوض تمام سبزه زار

Waldtulpe: „Mit Rotwein gegen einen steifen Hals.“

gekaut hatte, um sich nicht anzustecken. Ein anderer stellte Pillen her, die Nieswurz und Opium enthielten. Ein dritter legte eine heiße Zwiebel, die er zuvor mit Raute, Feige und sogenanntem Gegengift gefüllt hatte, auf die Geschwülste. Dieses Gegengift war eine Mischung aus 61 Kräutern und Gewürzen und gehörte zu den ertragreichsten Exportgütern Venedigs. Tabak war ein weiteres hoffnungsloses Mittel, aber sogar kleine Kinder wurden zum Rauchen gezwungen. Das Einatmen des Duftes von süßriechenden Parfümkugeln und Blumensträußen wurde ebenfalls ausprobiert, da man glaubte, schlechte Luft verursache Epidemien.

In Italien wurde *mal aria*, schlechte Luft, zum Namen für das Fieber, das vordem als Dreitagefieber bekannt war. Sowohl ein Rosmarinbukett als auch der von Johannes von Mailand verordnete Erdrauch waren wirkungslos gegen die Fiebermücke. Aber viele der Heilverfahren der Pflanzenkundigen wirkten dennoch, selbst wenn ihre Methoden vom Zufall bestimmt und ihre Erklärungen phantastisch waren.

Ein Vermögen durch Kräuter

Seit den frühesten Tagen der Seefahrt zählten Kräuter und Gewürze zu den wichtigsten Handelswaren. Vor mehr als 3000 Jahren ließ die ägyptische Königin Hatschepsut Myrrhe aus Somalia einführen, um sie ihren Kosmetika beizufügen, und den alten Babyloniern waren die meisten der orientalischen Gewürze bekannt. Sie gaben Zimt, Gewürznelken und Ingwer sowohl an ihre Medizinen als auch an ihre Speisen.

Pfeffer war zunächst eine teure Medizin, doch schon zur Zeit des Römischen Reiches spielte er eine wichtige Rolle in der Küche. Der Preis war stets hoch, und das Gewürz wurde oft als Zahlungsmittel benutzt. Als die Westgoten im fünften Jahrhundert nach Italien einfielen, verlangten sie 3000 Pfund Pfeffer als Preis dafür, die Plünderung Roms zu unterlassen. Venezianische Galeeren belieferten den europäischen Markt im Mittelalter.

Der Rohrzucker kam zu dieser Zeit erstmals in den Westen. Wie Pfeffer wurde auch er anfangs als Medizin benutzt, und erst Jahrhunderte später entwickelte er sich zu einem volkstümlichen Nahrungsmittel.

Pfefferkörner sind die getrockneten Früchte des Kletterstrauches Piper nigrum. *Weißer Pfeffer entsteht, wenn man die dunkle äußere Schale entfernt. Oft stützen Betelplamen oder andere ertragreiche Bäume die Pfefferpflanzen.*

Gewürzimperien

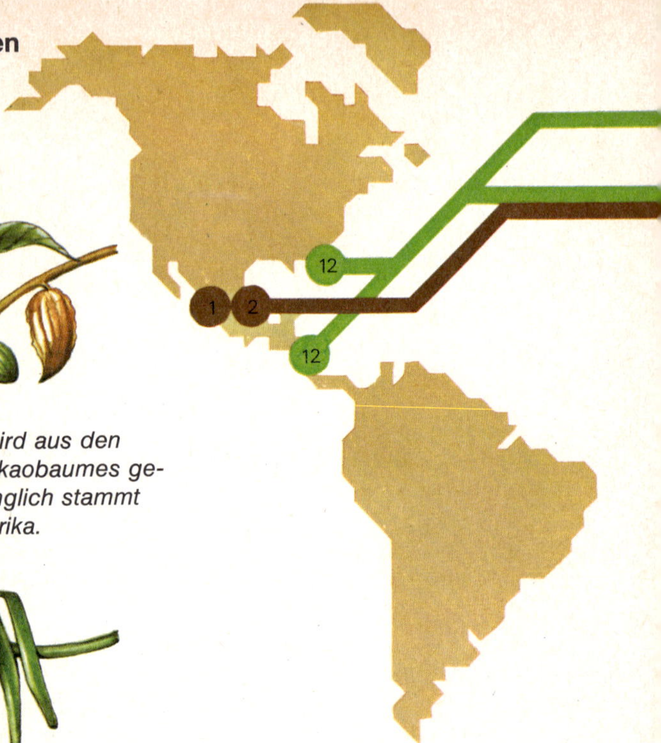

1. Schokolade wird aus den Früchten des Kakaobaumes gewonnen. Ursprünglich stammt er aus Mittelamerika.

2. Die Vanille, eine Orchidee, ist in Mittelamerika heimisch.

3. Der Tee wuchs als 10 Meter hoher Baum wild in China, wo er immer noch angebaut wird.

4. Der Kaffee wurde in Äthiopien entdeckt. Die Araber tranken ihn als erste.

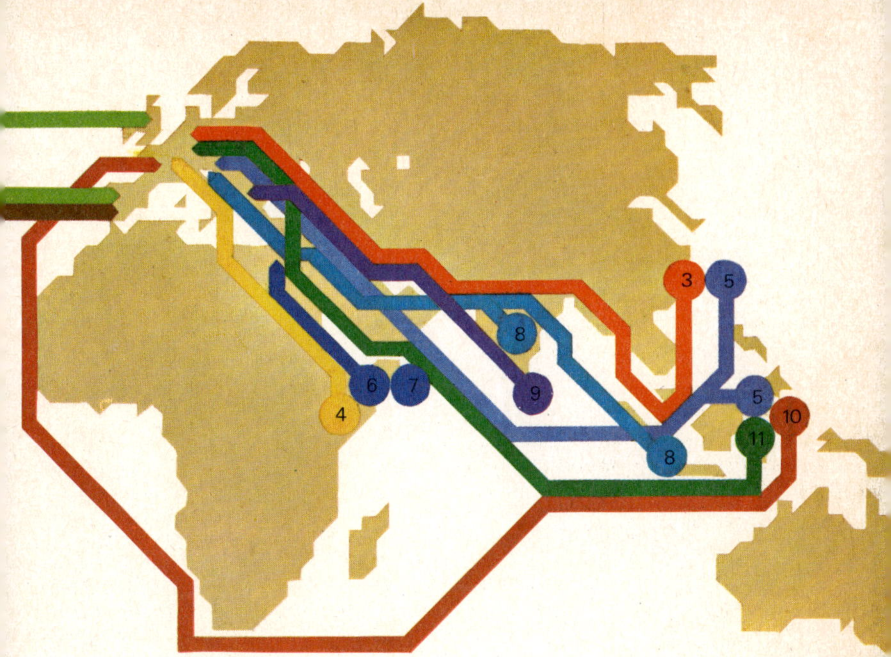

5. Der Ingwer ist in Ostasien heimisch. Die Wurzeln werden heute in Indien, Jamaika und Nigeria angebaut.

6. Myrrhe, das Harz des Myrrhenbaums, wurde in biblischer Zeit aus Somalia, wo der Baum heute noch wächst, exportiert.

7. Weihrauch ist das Harz des Weihrauchbaums. Es wird seit vielen Jahrtausenden in Somalia und Arabien gewonnen.

8. Der Pfeffer wurde ursprünglich an der Südwestküste Indiens gefunden. Dort sowie in Indonesien und Thailand gedeiht er noch heute.

Gewürzimperien

Im Laufe der Geschichte hat Handel immer wieder zu Eroberung und Eroberung zu Handel geführt. Gewürze sind leicht und hochkonzentriert und daher einfach zu transportieren. In der Vergangenheit konnten die Händler hohe Preise verlangen, da die Gewürze selten und exotisch waren. Oft ließen sie ihre Kunden nicht wissen, wo die Gewürzbäume zu Hause waren. Herodot wurde berichtet, der Zimt wachse in einem Dschungel südlich des Nils, wo wilde Vögel ihn bewachten. In Wahrheit wuchs er in Ceylon und wurde auf Flößen über den Indischen Ozean nach Madagaskar und von dort zum Roten Meer hinaufgebracht.

Die Araber versorgten den europäischen Markt weitere 2000 Jahre. Pfeffer, Ingwer, Zimt und Nelken wurden den Venezianern in Alexandria verkauft. Dieser Handel ging zugrunde, als 1498 der Seeweg nach Indien entdeckt wurde.

Die Europäer bekämpften sich gegenseitig und kolonisierten Asien wegen der Gewürze. Die Niederländer beherrschten die Molukken im 17. Jahrhundert. Sie trieben die Preise für Gewürznelken und Muskatnüsse in die Höhe, indem sie die Anzahl der auf den „Gewürzinseln" kultivierten Bäume begrenzten. Gewürznelken werden heute auf Sansibar angebaut und Ingwer auf Jamaika. Ihre Preise sind gefallen, und es gibt kein Gewürz mehr, das so kostbar wäre, daß es als Lösegeld für eine große Stadt dienen könnte.

9. Zimt ist die innere Rinde des Zimtbaums Cinnamon ceylanicum, *der in Sri Lanka, Indien und Indonesien kultiviert wird.*

10. Muskatnuß und Muskatblüte wachsen auf einem hohen immergrünen Baum. Sie werden auf den Molukken und den Westindischen Inseln gewonnen.

11. Die Gewürznelken stammen von den Molukken. Die geschlossenen Blütenknospen werden in Tansania, Malaysia und Indonesien geerntet.

12. Der Tabak kam aus Mexiko nach Europa. Heute wird er in 80 Ländern, darunter den USA, China und Indien, angebaut.

Die Tasse, die gute Laune spendet

Die Italiener, die Amerika zuerst entdeckten, suchten nach neuen Wegen zu den gewinnbringenden Gewürzen des Ostens. Ihre Entdekkungsreisen machten den europäischen Gaumen mit vielen neuen Aromen bekannt. Schokolade war das Getränk der aztekischen Könige, und sie würzten es mit Vanille. Einige Steuern wurden ihnen sogar in Kakaobohnen entrichtet. Die Beliebtheit der Schokolade verbreitete sich nach Spanien und von dort aus in alle Hauptstädte Europas. Man traf sich in Schokoladehäusern, um über einem Becher des exotischen neuen Getränks zu plaudern und zu flirten. Von der Kanzel herab wurde es verdammt und behauptet, es entflamme Leidenschaften und verderbe die Sitten. Carl von Linné aber muß ihm freundlichere Gefühle entgegengebracht haben, denn er gab ihm den Namen *Theobroma cacao*, was soviel wie Nahrung der Götter bedeutet.
Kaffeehäuser wurden im 17. Jahrhundert ebenfalls beliebte Treffpunkte, und auch der Kaffee wurde von der Kanzel herab gerügt. Doch Johann Sebastian Bach, ein Freund des Kaffees, schrieb die heitere Kaffeekantate zu seinem Lob. Der Kaffee wuchs ursprünglich wild in Äthiopien, wird heute jedoch am intensivsten in Südamerika angebaut. Die mexikanische Schokolade wird nun vor allem an der Westküste Afrikas kultiviert und die mexikanische Vanille auf den Seychellen.

Tee als Kriegsgrund

Lu Yu, ein chinesischer Philosoph des achten Jahrhunderts, schrieb eine lange Abhandlung über die Freuden des Tees. „Er ist besser als Wein“, sagte er, „denn er führt nicht zu Trunkenheit.“ Die Chinesen hatten jedoch keine Eile, ihr Getränk mit der Außenwelt zu teilen.

Im späten 17. Jahrhundert erhielten die Briten die Erlaubnis, Handelsniederlassungen in Kanton zu errichten. Sie kauften nicht nur Tee, sondern verkauften auch etwas an die Chinesen, nämlich Opium, das in Indien gewonnen wurde. Die chinesischen Behörden versuchten, diesem ungesetzlichen Handel ein Ende zu machen, und daraus entstanden zwei Kriege. England sieg-

Eine Familie des 18. Jahrhunderts trinkt Tee. Sie ist umgeben von Zeichen des Wohlstands und gesellschaftlichen Ansehens. Da Tee den langen Weg von der chinesischen Hafenstadt Kanton herbeigeschafft werden mußte, konnten ihn sich nur wohlhabende Leute leisten. Die feineren Mischungen kosteten über 16 Mark das Pfund, und selbst auf der billigsten Qualität lag eine Steuer von einer Mark. Die Tassen und Untertassen sind aus feinem Porzellan, das ebenfalls aus China importiert wurde. Zu jener Zeit hatten die Tassen noch keine Henkel. Das Familiensilber ist jedoch europäischer Herkunft.

Der Gewürznelkenbaum kann eine Höhe von sieben Metern erreichen. Er bringt alljährlich bis zu 35 kg Blütenknospen hervor, die an der Sonne getrocknet werden. Die spitze Gewürznelke erhielt ihren Namen, da sie wie ein „Nägelein" aussieht.

te, aber inzwischen hatte man in Nordindien wildwachsenden Tee gefunden. Bald produzierte Assam und Sri Lanka (das frühere Ceylon) den größten Teil des Tees der Welt. Tee war nun billig und wurde ein beliebtes Getränk der Arbeiterklasse. Ein Moralist rügte ihn als „Erzeuger von Verweichlichung und Faulheit".

Drogen und Zerstreuungen

Die meisten Menschen scheinen Drogen in irgendeiner Form zu benötigen, um Entspannung zu finden. Alkohol und Tabak sind Angewohnheiten, die von Millionen geteilt werden, und wo diese ungebräuchlich sind, gibt es stets einen ortsüblichen Ersatz. Psychologen haben für dieses Bedürfnis die verschiedensten Erklärungen. Doch ganz gleich, worin die Gründe liegen, es wird durch eine große Auswahl an pflanzlichen Produkten gestillt.

Die Indianer Südamerikas kauen seit Jahrhunderten Kokablätter. Der Kokastrauch wuchs einst in Hainen, die der Sonne heilig waren, deren menschliche Verkörperung der regierende Inka war. Das Kauen von Koka stärkt die Lebenskraft und erzeugt ein Gefühl von Wohlbehagen. Ein Extrakt aus den Blättern ist die Grundlage für Kokain, das durch die Nase eingeatmet wird. Im späten 19. Jahrhundert nahm Sigmund Freud an, Kokain könne bestimmte Geisteskrankheiten heilen, doch erwies es sich als zu gefährlich. Die orientalische Spielart von Koka heißt Betel. Er ist das Blatt von *Piper betle*, einem Verwandten des Pfeffers. Das Blatt wird um eine Areka-Nuß gewickelt und dann gekaut.

Auch die australischen Ureinwohner kauen gern. Sie rösten die Zweige eines Strauches namens Pituri, zermahlen sie mit Wasser zu einem Brei und vermischen sie dann mit anderen zerkleinerten Blättern. Ebenso wie Koka hat auch Pituri eine deutliche narkotische Wirkung.

Rauchen und Kauen

Nach dem Alkohol ist der Tabak das am weitesten verbreitete Genußmittel. Als er zuerst aus Amerika nach Europa kam, glaubte man, er sei eine wundervolle Medizin. Man sagte, er sei besonders gut für die Lungen, könne jedoch auch Frostbeulen heilen. Bald genoß man ihn einfach als angenehme Gewohnheit, während Nichtraucher klagten, er sei schmutzig und übelriechend.

Tabak läßt sich nicht nur rauchen, sondern auch schnupfen. Im 18. Jahrhundert galt Schnupftabak für eleganter als eine Pfeife. Herren und Damen der Gesellschaft trugen zierliche kleine Döschen aus Porzellan oder Silber bei sich und zogen das Pulver aus der Daumenbeuge durch die Nasenlöcher ein. Seeleute und andere weniger vornehme Menschen kauten den Tabak. Dieser Brauch scheint mit der heutigen Abneigung gegen das Spucken ausgestorben zu sein.

Kaugummi wird aus dem Milchsaft hergestellt, der sich im Stamm des Sapotillbaums befindet. Wie der Kautschukbaum ist auch er in Südamerika heimisch. Die gewaltige Nachfrage nach dem zuckrigen, nach Pfefferminze schmeckenden Gummi hat dazu geführt, daß auch andere, mit dem Sapotillbaum verwandte Bäume angezapft werden.

Die Töchter Ludwigs XIV. rauchen Pfeife. Pfeifen und Zigarren waren anfangs die einzigen Arten, Tabak zu rauchen, doch erlaubten sich ehrbare Frauen diesen Genuß nur, wenn sie unter sich waren.

Sowohl Tabak als auch Kaugummi helfen, Spannungen abzubauen, die als großes Gesundheitsrisiko angesehen werden. Kaugummi soll jedoch schädlich für Zähne und Verdauung sein, und starkes Rauchen hat sich über jeden Zweifel hinaus als Ursache für verschiedene Formen von Krebs erwiesen. Die Regierungen aber haben die Gewohnheit des Tabakgenusses stets als reiche

Einnahmequelle für indirekte Steuern betrachtet und tun es auch weiterhin trotz des Feldzugs gegen das Rauchen.

Haschisch und Heroin

Indischer Hanf wird in Asien und am östlichen Mittelmeer seit Jahrtausenden geraucht und gegessen. Man hielt ihn nicht für die Ursache von Krankheit und Verbrechen. Heute wird diese Droge in Ländern verboten, die nichts gegen Alkohol haben, der in beiden Anklagepunkten schuldig ist. Berichte der Behörden haben zwar versucht, eine Verbindung zwischen Haschisch und Kriminalität herzustellen, konnten dies jedoch nur mittels der Art und Logik erreichen, die behauptet: ,,Alle Einbrecher tragen Taschentücher, also verursachen Taschentücher Verbrechen." In Ländern, wo Haschisch verboten ist und sein Besitz zu Gefängnisstrafen führen kann, wird er häufig von Leuten genossen, die auf andere Art mit der Gesellschaft und ihren Gesetzen in Konflikt stehen.

Heroin wird aus Opium gewonnen und direkt in den Blutstrom eingespritzt. Es macht süchtig und wirkt gewöhnlich tödlich. Syndikate, die Opium schmuggeln, erwerben Vermögen, und der Süchtige wird durch den hohen Preis, den er für sein Laster zahlen muß, oft zum Verbrecher. Es ist versucht worden, den Anbau von Koka und Opium zu verbieten, doch dienen beide sowohl medizinischen Zwecken als auch dem Profit illegaler Unternehmen.

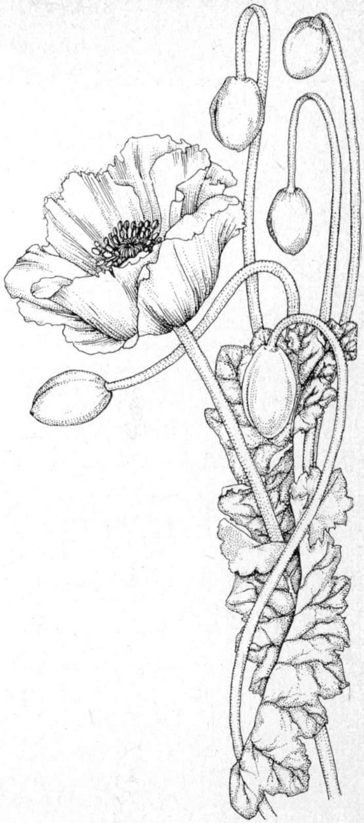

Opium wird aus Schlafmohn gewonnen. Der Saft der unreifen Kapselfrüchte wird zu einer dunklen, klebrigen Substanz getrocknet. Opium hatte seinen Ursprung im Nahen Osten, doch war die Sucht in China schon im 13. Jahrhundert ein Problem. Marco Polo zitiert ein chinesisches Sprichwort: ,,Stoße deinem Feind keinen Dolch in den Rücken, gib ihm lieber Opium."

Tod auf Feld und Flur

1. Die **Tollkirsche** *blüht im Juni auf trockenem Brachland. Die Beeren sehen hübsch aus, aber schon eine einzige kann tödlich sein. Alle Teile sind giftig.*

2. Die **Weiße Zaunrübe** *kommt in Hecken häufig vor und blüht im Juli. Alle Teile sind giftig, und der Saft reizt die Haut.*

3. Die Früchte und Nadeln der **Eibe** *enthalten ein tödliches Gift. Im Mittelalter wurden die Eiben fern vom Vieh auf den Kirchhöfen angepflanzt, da man das Holz für Langbogen verwendete.*

4. Der **Gefleckte Schierling** *ist auf Brachland und an Wasserläufen verbreitet. Das meiste Gift ist in den jungen Blättern und unreifen Früchten enthalten.*

5. Der **Wasser-Schierling** *kommt am Wasser häufig vor. Er blüht im Juni. Die Wurzeln sind besonders gefährlich.*

6. Der **Eisenhut** *gedeiht im Schatten. Seine Blüten erscheinen im Juni. Alle Teile sind tödlich für den Menschen.*

7. Das **Bilsenkraut** *wächst an trockenen, sandigen Orten und blüht im Juli. Alle Teile sind giftig.*

8. Die **Herbstzeitlose** *tritt gelegentlich wild auf. Sie blüht im September und trägt nur im Frühjahr Blätter und Früchte, die beide giftig sind.*

In der Wildnis und sogar auf städtischem Brachland kann man eine Menge wohlschmeckender, gesundheitsfördernder Pflanzen finden. Doch sollte man sich immer sicher sein, daß man das, was man ißt, auch kennt. Die meisten wilden Pflanzen sind harmlos, einige aber sind giftig, und das sogar in geringen Mengen.

Die Pflanzen der Familie, der auch die Möhren angehören, stiften besonders viel Verwirrung. Sie haben flache Blütenstände, die wie geöffnete Regenschirme aussehen, und zählen zu den Doldengewächsen. Der Schierling tötete Sokrates und könnte jedem, der ihn für wilden Fenchel hält und ißt, dasselbe antun. Die Beeren von Bittersüß und Schwarzem Nachtschatten sehen lecker aus. Aber diese nahen Verwandten der Tomate können tödlich wirken. Und nicht umsonst erhielt die Herbstzeitlose den lateinischen Namen *Colchicum autumnale* nach Kolchis, der Heimatstadt der mörderischen Zauberin Medea. Ein gutes Nachschlagewerk hilft bei der Bestimmung von Kräutern. Man sollte Abbildung und Pflanze sorgfältig prüfen und beim geringsten Zweifel die Finger davon lassen.

Die wissenschaftliche Bedeutung der Kräuter

Die moderne Wissenschaft hat bewirkt, daß Kräuter heute ganz anders angewendet werden. Der Chemiker untersucht genau, welche Substanz in einer Pflanze für eine spezielle Wirkung verantwortlich ist. Dann kann ein synthetisches Präparat hergestellt werden, das die chemische Zusammensetzung dieser Substanz imitiert. Synthetische Drogen werden bevorzugt, da sie stärker konzentriert sind und sich leichter in genauen Dosen abmessen lassen. Behandlungen mit Kräutern werden immer noch gelegentlich durchgeführt.

Eine Kräutermedizin von heute, die als Nervenberuhigungsmittel verkauft wird, enthält Mistel, Baldrian und Helmkraut. Alle diese Pflanzen sind seit Jahrtausenden als Beruhigungsmittel bekannt und beliebt.

Medizinische Eigenschaften

Duft und Geschmack der Kräuter sind hauptsächlich auf ätherische Öle zurückzuführen. Diese sind nicht nur wohlriechend und schmackhaft, sondern oft auch medizinisch anwendbar. Das im Thymian enthaltene Thymol ist ein wirksames Mittel, das Bakterienwachstum hemmt oder verhindert (Antiseptikum). Das Öl der Poleiminze hält Insekten fern, wenn man es auf der Haut verreibt. Ätherische Öle steigern auch die Tätigkeit der Nieren und die Transpiration. Sie helfen bei der Reinigung des Organismus von Unreinheiten und Infektionen.

Glykoside sind organische Verbindungen, die sich zum Teil aus Zukkerarten aufbauen. Zu den Glykosiden gehören die schaumbildenden Saponine, die in vielen Pflanzen enthalten sind. Am seifigsten von allen ist das Seifenkraut. Der Körper kann nicht viel von diesen Substanzen absorbieren, und sie neigen dazu, abführend und schleimlösend zu wirken. Nieswurz und mehrere andere wilde Pflanzen enthalten Glykoside, die für den Menschen giftig sind.

Ysop, Engelwurz und viele andere Kräuter enthalten Tannine. Diese schmecken bitter und regen die Verdauungssäfte an. Sie sind wertvoll für die Behandlung von Magenbeschwerden. Der Schleim mancher Pflanzen ist wasserlöslich und wirkt verdauungsfördernd. Königskerzen sind reich an Pflanzenschleim und können zur Behandlung von Reizungen in Mund und Hals verwendet werden. Alkaloide sind stickstoffhaltige Substanzen und oft giftig. Einige Alkaloide werden als krampflösende Mittel verwendet, andere für Einreibemittel und Salben.

Alte Arzneien in der heutigen Zeit

Das Aspirin ist durchaus nicht das einzige moderne Medikament, das seine Existenz der altüberlieferten Pflanzenheilkunde verdankt. Das früheste chinesische Pflanzenbuch empfiehlt Chaulmoograöl zur Behandlung von Aussatz. Der Name dieser wunderbaren Droge hat sich Jahrhunderte hindurch erhalten, wurde jedoch fast immer benutzt, um Produkte zu verkaufen, die gegen die verheerenden Wirkungen dieser Krankheit nicht das geringste ausrichteten.

Erst in diesem Jahrhundert wurde der Baum *Hydnocarpus kurzii* wiederentdeckt. Man hält das Öl, das er liefert, für dasjenige, welches Kaiser Schen-nung einst beschrieb. Es hat sich als besonders wertvoll für die Behandlung frühzeitig erkannten Aussatzes erwiesen.

Wermut ist ein uraltes Wurmheilmittel. Ein naher Verwandter des Wermuts wird heute in Iran und Turkistan angebaut, um daraus Sanotin, das moderne Heilmittel gegen Spulwürmer, herzustellen.

Asiatische Heilmittel

Ephedrin ist ein Alkaloid, das aus dem Strauch *Ephedra sinica* gewonnen wird. Asiatische Ärzte haben Teile dieser Pflanze seit Jahrtausenden zur Linderung von Fieber und Kopfschmerzen verschrieben. Das Ephedrin wirkt auf das Nervensystem und wird unter einer Vielzahl von Handelsnamen in Form von Sprays und Pillen gegen Asthma und Heuschnupfen produziert. Man kann es auch zur Erhöhung des Blutdrucks und zur Behandlung einiger Herzkrankheiten verwenden. Seine anregende Wirkung auf das Nervensystem kann zu Schlaflosigkeit führen.

Die Schlangenwurzel ist eine weitere Wunderdroge, die Hinduärzten schon vor mindestens 2000 Jahren bekannt war. Die westliche Medizin hat erst kürzlich seine Bedeutung für die Behandlung psychischer Krankheiten erkannt. Das Alkaloid, das sie enthält, heißt Reserpin und wirkt als Antidepressivum.

Eine gesunde Ernährung

Der Wert der Kräuter beruht zum großen Teil auf ihrem Gehalt an Vitaminen und Mineralien.

In den letzten hundert Jahren haben die Wissenschaftler eine Menge über die Wichtigkeit einer gesunden

Ernährung gelernt. Erst um etwa 1880 erkannte man die Bedeutung der Vitamine. Damals wurde entdeckt, daß dort, wo polierter Reis das Hauptnahrungsmittel war, häufig die Krankheit Beriberi auftrat. Das auffälligste Symptom der Krankheit ist der aufgedunsene Leib, den man so oft bei den Opfern des Hungers in unterentwickelten Ländern sieht. Der gesundheitsspendende Bestandteil, der dem polierten Reis fehlt, ist heute als Vitamin B bekannt. Dieses Vitamin gehört zu der Gruppe der 12 lebensnotwendigen Vitamine. Pellagra (Nikotinsäuremangel) und perniziöse Anämie (Form der Blutarmut) sind zwei der schlimmsten Zustände, die von Mangel an Vitamin B herrühren.

Verhütung von Erkältungen

Der Nutzen des Vitamins C war bekannt, lange bevor man die Ascorbinsäure isoliert oder benannt hatte. Seeleute hatten auf langen Reisen immer unter Skorbut gelitten. Während des 18. Jahrhunderts entdeckten die Schiffskapitäne, daß die Krankheit abnahm, wenn die Mannschaften Zitrusfrüchte, vor allem Orangen und Limetten, aßen.
Vitamin C ist in den meisten Kräutern enthalten, und Petersilie und Hagebutten sind zwei der reichsten Quellen. Der Körper benötigt täglich 30 bis 40 Milligramm des Vitamins, da er es nicht speichern kann. Einige Ernährungsfachleute glauben, starke Dosen von bis zu 10 Gramm könnten Schnupfen und andere Infektionen verhüten.

Die Geschichte des Aspirins
Blätter und Zweige der Silberweide wurden im Altertum zur Behandlung von Rheumatismus verwendet. Dies Mittel wurde in der Lehre von den Merkmalen empfohlen. Da Weiden an feuchten Orten gedeihen und Rheumatismus als Folge von Feuchtigkeit auftritt, schien auf der Hand zu liegen, daß eines das andere heilt. Im Jahre 1838 entdeckten Chemiker, daß die Rinde der Silberweide eine Säure enthält, und nannten diese Salizylsäure. Dieselbe Säure befindet sich auch in der Rinde von Birken und Spiersträuchern. Fünfzig Jahre später stellte Hermann Dreser eine synthetische Version her, die er Azetylsalizylsäure nannte.

Die Vitamine E und A sind ebenfalls in Kräutern zu finden. Sie sind beide fettlöslich, im Gegensatz zu B und C, die wasserlöslich sind. Sowohl junge Nesselblätter als auch die Blüten des Echten Alants können Vitamin A enthalten. Vitamin E verschafft man sich aus Spinat und Löwenzahnblättern.

Die Behandlung mit Giften

Aus der Rinde der Brechnuß, die in Guayana wächst, stellten die Eingeborenen ein Gift namens Kurare her. Ein in Kurare getauchter Pfeil kann ein warmblütiges Geschöpf lähmen, so daß es nach weniger als einer Minute stirbt, aber trotzdem genießbar bleibt. In der modernen Medizin wird dieses äußerst gefährliche Gift zur Behandlung von spastischen Lähmungen und als Bestandteil der Schocktherapie angewendet.

Den Fingerhut verwendeten die Pflanzenheilkundigen vergangener Zeiten zur Behandlung von Epilepsie und Skrofulose (eine Krankheit, die man aber auch durch Handauflegen des Königs, das sogenannte „Königsheil", glaubte heilen zu können). Er steht in enger Verbindung mit Hexerei. Es gibt keinen Bericht, daß er jemals gegen Herzkrankheiten verschrieben wurde, aber die Funktion des Herzens war den Pflanzenkennern damals noch nicht völlig klar. Vielleicht haben sie Herzanfälle sogar ohne eine richtige Diagnose der Symptome mit Fingerhutblättern geheilt.

Die moderne Kenntnis von den Kräften des Fingerhuts begann im Jahre 1785. Dr. William Withering veröffentlichte einen Bericht über die vielen medizinischen Eigenschaften der Pflanze. Sein Interesse war durch ein Mittel gegen Wassersucht, das eine alte englische Bauersfrau ihm mitgeteilt hatte, angeregt worden. Wassersucht ist eine Krankheit, die den Körper durch eine übermäßige Ansammlung von Flüssigkeit anschwellen läßt. Fingerhuttee regte die Urinausscheidung des Patienten an und verringerte die sichtbaren Symptome. Withering nahm an, die harntreibende Wirkung der Pflanze sei das, worauf es ankomme. Er war sich nicht im klaren darüber, daß Wassersucht durch Herzschwäche verursacht werden kann. Der hauptsächliche Nutzen des Fingerhuts lag darin, daß er den Blutkreislauf des Patienten zu größerer Leistungsfähigkeit anregte.

Witherings Dienst an der Medizin war es, anderen den Weg zur Entdeckung zu weisen. Das war 150 Jahre bevor Digitalis richtig verschrieben wurde. Sie ist giftig, kann jedoch täglich eingenommen werden und hat das Leben vieler Millionen von Herzkranken verlängert.

Der Fingerhut ist nicht die einzige Giftpflanze, die in Krankenhaus und Sprechzimmer gute Dienste leistet. Tollkirsche und Bilsenkraut enthalten Atropin und Scopalomin, die in der Schocktherapie bei Schizophrenie und zur Behandlung von Geschwüren verwendet werden. Morphium wird aus Schlafmohn gewonnen und ist das wirksamste aller schmerzstillenden Mittel, wird aber von den Medizinern nicht allzu gern verwendet, da es leicht zur Sucht führt. Andere Heilkräuter sind so harmlos, daß sie Pastillen, Einreibemitteln, Hustenbonbons und ähnlichen Präparaten zugefügt werden. Myrrhe, Kampfer, Thymol, Menthol, Zimt und Eukalyptusöl bieten milde, aber spürbare Linderung bei Erkältungen.

Die Fieberrinde

Chinin wird heutzutage gewöhnlich durch eine synthetische Droge ersetzt, war aber jahrhundertelang das einzige bekannte Mittel gegen Malaria. Es wird aus der Rinde des Chinarindenbaums gewonnen, der in Bolivien und Peru wild vorkommt. Die Indianer hatten es schon immer verwendet, um Fieber zu heilen, und lehrten die Spanier, es zu schätzen. Aber sie verkauften ihnen nur die Rinde und weigerten sich stets, sie wissen zu lassen, wo die Bäume wuchsen. Spanische Missionare brachten die Arznei nach Europa, und so wurde sie als ,,Jesuiten-Pulver" bekannt. Anfangs hielten konservative Mediziner störrisch am Aderlaß fest, der Behandlung, mit der Generationen von Doktoren ihre

Seit Jahrhunderten ist Ginseng das orientalische Allheilmittel. Kürzlich wurde er in der UdSSR zur Behandlung von Geschwüren und Herzleiden verwendet. Er soll sowohl geistig als auch körperlich leistungssteigernd wirken.

Der Fingerhut enthält ein starkes Glykosid. Das Arzneimittel Digitalis, in dem sich dieses Glykosid befindet, ist heute eines der Standardmittel gegen Herzleiden. Fingerhut wird im Harz und in Ungarn zur Belieferung von Arzneimittelherstellern angebaut.

Patienten umgebracht hatten. Doch allmählich wurde das Mittel anerkannt.
Bis zum 19. Jahrhundert war Chinin knapp. Die Ausbeutung der asiatischen Kolonien durch die Europäer wurde durch Malaria behindert, aber die Indianer Südamerikas bewahrten ihr Geheimnis noch immer. Schließlich verschaffte sich Charles Ledger Samen; Chinarindenbäume schlugen auf Java und Ceylon Wurzel. Ledgers Aimará-Diener wurde von seinem Volk getötet, weil er seinem Herrn die kostbaren Samen gegeben hatte, Ledgers Erfolg aber lebt weiter in dem Namen des Baumes, *Cinchonia ledgeriana*.

Wunderdroge der Zukunft?

Die Erfolge, die durch Pflanzen wie den Fingerhut und die Tollkirsche erreicht wurden, lassen es töricht erscheinen, andere „Hausmittel" abzulehnen. Die Mistel wurde vor über 2000 Jahren als Arznei gegen Krebs verwendet und wird heute erneut auf diese Möglichkeit hin untersucht.
Natürlich wirkten viele der alten Kräuterheilmittel nur deshalb, weil der Körper über eine erstaunliche Fähigkeit verfügt, sich selbst zu heilen, und weil die Patienten sich beruhigten, wenn der Doktor ihnen einen süß oder bitter schmeckenden Trank verschrieb. Aber viele der Tränke haben sich als zuverlässig erwiesen, und die Tatsache, daß sie synthetischen Drogen gewichen sind, schmälert nicht ihren einstigen Wert.

Viele Kräuter sind reich an Vitaminen. Petersilie und Hagebutten sind zwei der besten Lieferanten von Vitamin C. Die Samen von Fetthenne und Sonnenblume enthalten Vitamin B. Vitamin A ist in Himmelsschlüsseln, Nesseln und Echtem Alant zu finden. Die meisten Kräuter enthalten auch eine Vielzahl von Mineralien. Petersilie, Dill und Seetang sind besonders reich an Eisen.

1. *Dill*
2. *Löwenzahnblätter*
3. *Seetang*
4. *Holunderbeeren*
5. *Nessel*
6. *Himmelsschlüssel*
7. *Echter Alant*
8. *Fetthenne*
9. *Sonnenblumensamen*
10. *Petersilie*
11. *Hagebutten*

Ein pflanzlicher Verbandstoff
Im I. Weltkrieg wurde Torfmoos als Verbandstoff benutzt. Man legte es auf Gaze und deckte damit offene Wunden ab. Da es doppelt so saugfähig wie alle Watten war, die es damals gab, mußten die Verbände nicht so oft gewechselt werden. Dies verringerte die Leiden der Verwundeten und ließ dem Pflegepersonal mehr Zeit für andere Aufgaben. Knoblauch, seit Tausenden von Jahren als Antiseptikum bekannt, wurde gelegentlich zusammen mit dem Moos angewendet, um Infektionen zu verhindern.

Der asiatische Glaube an Ginseng mag zum Teil darauf zurückzuführen sein, daß seine Wurzel wie die Alraunwurzel eine annähernd menschliche Gestalt hat. Die Ginsengwurzel wird jedoch sehr teuer verkauft, was darauf schließen läßt, daß durch ihre Einnahme eine positive Wirkung erzielt wird. Hunderte Hektar Land in den amerikanischen Appalachen sind allein ihrem Anbau vorbehalten, und der Ertrag wird auf den unersättlichen Markt in Hongkong exportiert. Doch ist die Meinung der Mediziner geteilt, ob Ginseng ein Allheilmittel ist oder völlig wirkungslos. Berichte aus Rußland legen nahe, daß er die Tätigkeit von Drüsen wie Hypophyse, Nebenniere und Keimdrüse anregt, doch werden sich die Skeptiker erst nach weiteren Tests überzeugen lassen. Es ist möglich, daß die Wissenschaft eines Tages die geheime Kraft dieser Wurzel ebenso entdeckt wie die des Mohns und der Weide.

Farbstoffe und Parfüms

Chemische Farbstoffe sind erst 125 Jahre alt. Davor stammten alle Farben für Kleider und andere Textilien von Pflanzen. Die Palette dieser Färbepflanzen war endlos. In Schottland und Skandinavien wurden Flechten verwendet, die man auf den Felsen der Umgebung sammelte. Mit Urin als Beize konnte eine große Vielfalt von Schattierungen erzielt werden. In anderen Gegenden war der Anbau von Färbepflanzen ein einträgliches Geschäft. Färberwaid, Safran und Färberröte wurden gewerbsmäßig angebaut.

Safran war stets kostspielig, da nur die Narben verwendet werden und für 500 g etwa 200 000 Blüten erforderlich sind. Die Gelbwurzel liefert ein billigeres Gelb.

Der Färberwaid war in Europa der traditionelle blaue Farbstoff. Die Zubereitung war langwierig. Als erstes wurden die Blätter zerdrückt und zu Kugeln geknetet. Diese wurden getrocknet, zerstoßen und drei Wochen fermentiert. Der Geruch war ekelhaft. Nach einer zweiten Fermentation war der Färberwaid weiß und wasserlöslich. Stoff, den man in diesen weißen Färberwaid tauchte, wurde beim Trocknen blau durch den Kontakt mit dem Sauerstoff der Luft.

Indigo tinctoria heißt der orientalische blaue Farbstoff, der den Färberwaid weitgehend ablöste. Im tiefen Süden Amerikas wurde er in großem Umfang angebaut, bis Tabak und Baumwolle, die mehr Gewinn brachten, ihn verdrängten.

Die alten Farbstoffe verlangten Geduld und eine umfassende Kenntnis der Kräuter. Sie unterlagen schließlich im Wettbewerb mit den billigeren, rascher wirksamen Teerfarbstoffen.

Laßt Blumen sprechen

Der Duft von Blüten war allen Generationen sehr kostbar, die noch keine Seife und keine Kanalisation kannten. Einige der lyrischsten Passagen aus der Bibel verweilen bei den Wonnen des Duftes. ,,Salbe und Wohlgeruch erfreuen das Herz", sagt das Sprichwort, und Salomos Geliebte wird mit ,,Narde und Safran, Kalmus und Zimt, mit allerlei Bäumen des Weihrauchs, Myrrhen und Aloe" verglichen. Diese Gewürze und Harze werden heute noch in Kirchen verbrannt, um aromatischen Rauch zu spenden.

Im dritten Jahrhundert vor Christus schrieb das Hofzeremoniell chinesischen Beamten vor, ihren Atem durch das Kauen von Gewürznelken frisch zu machen, wenn sie mit dem Kaiser sprachen. Nelkenöl ist einer der Aromastoffe in modernen Zahnpasten sowie Bestandteil eines synthetischen Nelkenparfüms. Schlechter Mundgeruch wurde oft als Respektlosigkeit betrachtet. Griechische Priester ließen Knob-

lauchesser nicht den Tempel der Kybele betreten. Christlichen Würdenträgern war es vorbehalten, im Wohlgeruch bestattet zu werden, denn Thymian, Majoran, Sesamöl und wohlriechende Harze wurden zum Einbalsamieren verwendet.

Auch die Häuser der Lebenden erhielten einen angenehmen Geruch. Man streute wohlriechende Kräuter auf den Boden, deren Geruch aufstieg, wenn sie zertreten wurden. Kunstvoller war die Vorrichtung in Neros Speisezimmer. Wie Sueton erzählt, wurden die Gäste durch Röhren, die hinter einer Decke aus durchbrochenem Elfenbein verborgen waren, mit Parfüm besprüht.

Indigo und Färberwaid waren zwei der wichtigsten blauen Färberpflanzen. Färberröte und Safran ergaben Rot und Gelb. Die lateinischen Namen der meisten Färberpflanzen enthalten das Wort tinctor, *das Färber bedeutet.*

Safran wird in Indien und im Fernen Osten heute noch zum Färben von Seide verwendet. Er ist der Farbstoff für die leuchtendgelben Gewänder der buddhistischen Mönche. Aber auch andere, weniger kostspielige pflanzliche Farbstoffe haben in Asien überlebt.

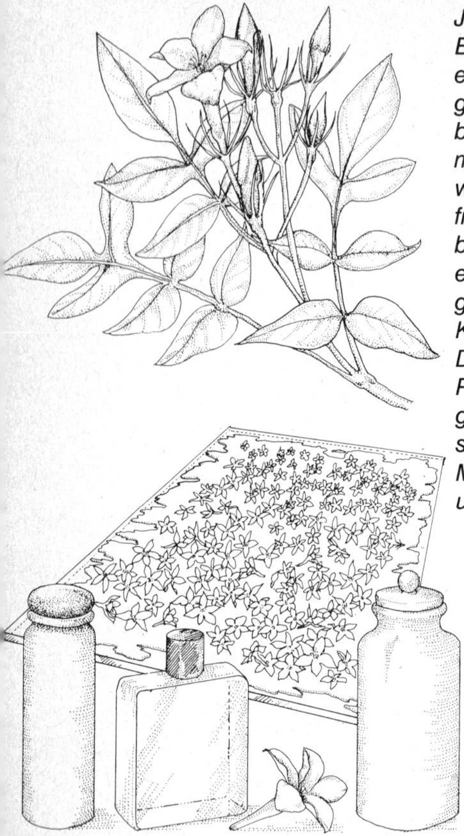

Jasminparfüm und einige andere Blütenparfüms werden durch ein Verfahren namens enfleurage *gewonnen. Man streut die Blütenblätter auf Glasplatten, die zuvor mit Öl bestrichen wurden. Täglich werden die Blütenblätter durch frische ersetzt, bis das Öl die benötigte Stärke hat. Dann wird es abgegossen und in Flaschen gefüllt. Die teuersten Düfte sind Kompositionen aus solchen Ölen. Dies Verfahren wird von modernen Parfümherstellern in sehr geringem Umfang angewendet, doch setzt man Mischungen winzige Mengen konzentrierten Öls zu, um ihre Qualität zu verbessern.*

Wie Parfüm hergestellt wird

Die beliebtesten Parfüms werden synthetisch produziert. Nur die kostspieligsten Flieder- und Maiglöckchendüfte stammen von echten Blüten. Zitronenstrauch, Lavendel und Bergamotte aber werden in großem Umfang für die Industrie angebaut, vor allem rund um das Mittelmeer.
Im Orient wird die Patschulipflanze angebaut. Man destilliert das Öl mit Dampf aus den Blättern. Es entweicht aus der Retorte, wird von Kondensatoren abgekühlt und vom Wasser geschieden. Ebenso werden andere Blattöle destilliert. Blütenöle dagegen werden oft mit Hilfe eines Lösungsmittels auf Petroleumbasis extrahiert.

Die Wohlgerüche Arabiens

Mohammed soll Parfüm fast ebenso geliebt haben wie die schönen Frauen, die es trugen. Unter den exotischen Parfüms der Welt des Islams befindet sich das legendäre *Attar* oder Rosenöl. Für einen einzigen Tropfen des Öls werden die Blütenblätter von 170 Damaszener-Rosen benötigt. Dies Rosenöl wird seit über 200 Jahren im „Tal der Rosen" in Bulgarien destilliert.

Eau de Cologne kann Öle von Rosmarin, Bergamotte und Kardamom enthalten, doch geben ihm Orangenblüten den Grundton. Auch Muskat-Salbei ist manchmal darin enthalten. Die erste Flasche Eau de Cologne wurde von Johann Maria Farina hergestellt, einem Italiener, der im 18. Jahrhundert in Köln lebte.

Orangenblüten (süß und bitter) sind in Eau de Cologne und im altbekannten Ungarn-Wasser enthalten. Die Florentiner Schwertlilie wird wegen des Veilchendufts ihrer Rhizome angebaut.

Das Anlegen eines Kräutergartens

Ein Kräutergarten ist für den täglichen Gebrauch bestimmt und sollte so nahe wie möglich bei der Küche liegen. Muß die Köchin die Zubereitung des Essens unterbrechen und quer durch den ganzen Garten laufen, um den im Rezept vorgeschriebenen Thymian oder Salbei zu holen, kann man es ihr nicht verdenken, wenn sie auf das Kraut verzichtet. Die Pflanzen gedeihen jedoch am besten unter Bedingungen, die denen nahekommen, die sie in der Wildnis gewohnt sind. Die meisten Kräuter bevorzugen einen leichten, gut dränierten Boden und viel Sonne. Es empfiehlt sich, die einjährigen Pflanzen gesondert anzupflanzen, damit man bei der Vorbereitung des Beets im Frühjahr nicht auf die mehrjährigen tritt. Genießen Sie Ihre Kräuter, solange sie jung und zart sind. Warten Sie nicht, bis sie groß und derb werden.

Rechte Seite:
Geometrisch angelegte Kräutergärten in Knotenform waren einst sehr beliebt. Sie sind praktisch und schön zugleich, da die meisten Kräuter es nicht schätzen, von höheren Pflanzen überragt zu werden. Auf den Trittsteinen kann man in die Mitte gelangen, ohne schmutzige Schuhe zu bekommen oder junge Pflanzen zu zertreten. Experimentieren Sie mit Kreisen, Rhomben, Dreiecken und anderen traditionellen Formen.

Schnittlauch und Minze vertragen ein schattiges Beet.

Ein traditioneller Kräutergarten in „Knotenform“.

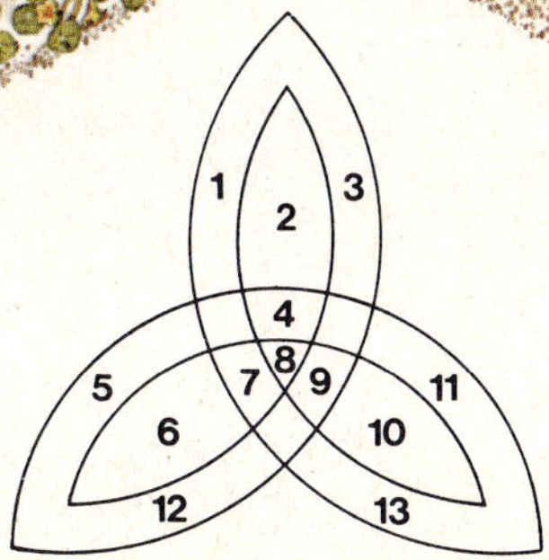

1. *Thymian*
2. *Melisse*
3. *Petersilie*
4. *Majoran*
5. *Kerbel*
6. *Salbei*
7. *Borretsch*
8. *Rosmarin*
9. *Estragon*
10. *Minze*
11. *Schnittlauch*
12. *Zwerg-Kapuzinerkresse*
13. *Raute*

Hohe Kräuter sollten in den Hintergrund gepflanzt werden, damit sie den kleineren nicht die Sonne fortnehmen.

Rosmarin und Estragon sind Mittelmeergewächse und benötigen volle Sonne.

Thymian und Majoran gedeihen gut im Steingarten.

Wie man Kräuter selbst anbaut

Mehrjährige Kräuter können auf verschiedene Arten vermehrt werden. Am einfachsten ist das Teilen. Teilen Sie jedoch nur gesunde und fest angewurzelte Pflanzen, und tun Sie es nur zur empfohlenen Jahreszeit. Das ist gewöhnlich der Herbst oder das Frühjahr, wenn die Pflanzen am wenigsten aktiv sind. Kleine Pflanzen können mit der Hand auseinandergezogen werden. Große Wurzelballen teilt man mit dem Spaten. Pflanzen Sie Teilstücke nicht zu tief. Graben Sie ein Loch, das groß genug ist, um die Wurzeln darin auszubreiten, verteilen Sie die Erde gleichmäßig darüber und drücken Sie sie um die neue Pflanze fest an.

Teilen des Wurzelstockes

Großen Ballen tut es gut, wenn man sie in kleinere Teilstücke zerlegt.

Beschädigen Sie die Wurzeln nicht und gehen Sie sanft mit den Trieben und Blättern immergrüner Pflanzen um.

Das frisch geteilte Kraut wird bald ebenso groß sein wie die Mutterpflanze. Geben Sie ihm reichlich Platz.

Fenchel wird bis zu 1,50 m hoch und benötigt daher viel Platz. Das gefiederte Laub und die gelben Blüten sehen in ihrer Fülle sehr reizvoll aus.
Fenchel ist dankbar für einen Boden, der einige Feuchtigkeit enthält, benötigt aber reichlich Sonne. Teilen Sie die Pflanzen nach drei Jahren, um sie kräftig zu halten.
Um stets einen Nachschub an Blättern für Salate zu haben, schneiden Sie die Triebe bis fast an die Basis zurück. Andere lassen Sie Blüten hervorbringen und verwenden Sie

die Samen in Saucen. Fenchel paßt besonders gut zu Fisch. Die Samen sind leicht zu lagern und behalten ihren zarten Anisgeschmack.
Beim Gartenfenchel bilden die verdickten Basen der Blattstiele eine Knolle, die dem Staudensellerie ähnelt, aber fester ist. Er ist ein wohlschmeckendes Gemüse, bringt jedoch in kühlen Sommern keinen guten Ertrag.
Fenchel war eines der heiligen Kräuter der Angelsachsen und wurde „viel gebraucht in Getränken, die Leute, die zu dick sind, dünner machen".

Winter-Bohnenkraut ist eine buschige mehrjährige Pflanze, die leichten, nicht zu feuchten Boden und reichlich Sonne benötigt. Die Vermehrung erfolgt im März durch Teilung oder Triebstecklinge. Auch Absenker sind möglich. Bohnenkraut hätte größere Beliebtheit verdient: Es bringt eine Fülle weißlich-purpurner Blüten hervor und hat einen würzigen, fast scharfen Geschmack. Es läßt sich mühelos trocknen und schmeckt gut in hausgemachter Tomatensuppe, in allen Bohnengerichten, zu geräuchertem Fleisch und Fisch. Hinzuweisen ist auch darauf, daß es einst als Aphrodisiakum betrachtet wurde.

Liebstöckel ist ebenfalls eine Riesenpflanze. Manchmal wird es 2,50 m hoch, hat eine Fülle dunkler Blätter und blasser grünlicher Blüten. Es gedeiht auf jedem Boden außer auf schwerem Lehm. Fügen Sie dem Boden vor dem Pflanzen reichlich Kompost zu. Geteilt wird im Frühjahr oder Herbst. Schneiden Sie das Laub häufig zurück, aber lassen Sie stets die jungen Blätter in der Mitte stehen. Sowohl Blätter als auch Samen haben ein starkes, hefeähnliches Aroma, das in Suppen, Eintopfgerichten und Fleischbrühen von unschätzbarem Wert ist. Culpeper empfahl Waschungen mit Liebstöckelwasser gegen Flecken und Sommersprossen.

Minzen Es gibt viele Arten dieses hocharomatischen Krauts. Grüne Minze wird für Minzsauce angebaut. Die Echte Pfeffer-Minze liefert einen guten Tee. Alle Arten und Sorten müssen in einem gesonderten Beet angepflanzt oder in ihrem Wurzelwachstum beschränkt werden. Der Boden sollte gut gedüngt sein. Pflücken Sie die jungen Blätter, sobald sie erscheinen, da sie an Geschmack verlieren, wenn sie älter werden.
Zitronen-Minze wird wegen ihres fruchtigen Dufts angebaut. Einige Leute halten den Namen Orangen-Minze für passender. Wie viele duftende Kräuter benötigt sie Sonne, ist aber, wie alle Minzen, schnellwüchsig. Einige ihrer Ausläufer erscheinen sogar überirdisch. Polei-Minze ist eine kriechende Art, die sich als Bodendecker verwenden läßt. Pflanzen Sie im Frühjahr

Ein reizvoller Kräutergarten erfreut das Auge

kleine Teilstücke in Abständen von 15 cm. Die Polei-Minze kommt in modernen Rezepten nicht häufig vor, war aber einst eine Zutat in schottischem gefülltem Kalbs- oder Hammelmagen.

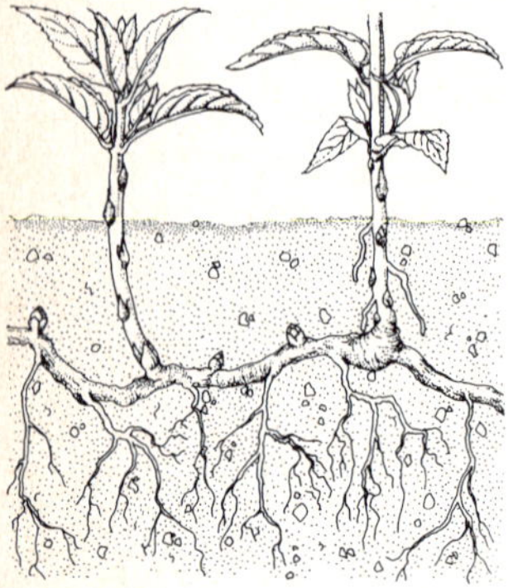

Minzenwurzeln verlaufen dicht unter der Bodenoberfläche.

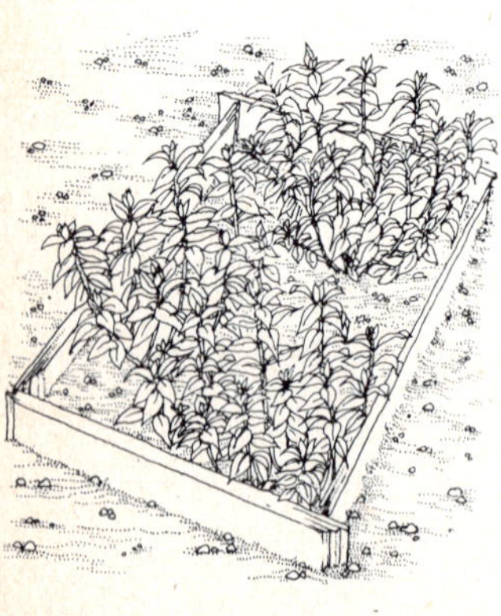

Graben Sie eine Reihe Ziegel, Schieferplatten oder Pflastersteine ein, damit die Pflanzen nicht wuchern.

Schnittlauch läßt sich besonders leicht kultivieren. Säen Sie im April Samen aus oder bitten Sie einen Nachbarn um ein kleines Stück. Schnittlauch gedeiht am besten in nicht zu trockenem Boden. An einem sonnigen Standort muß im heißen Sommer oft gewässert werden. Die Blüten bilden hübsche rosa Köpfchen; danach werden die Blätter derb. Schneiden Sie also alle Blüten bis auf ein paar ab. Lassen Sie die Blüten Samen bilden und aussäen, dann gibt es im nächsten Jahr überall im Garten Schnittlauch. Je kräftiger Sie die Blätter zurückschneiden, um so stärker wachsen sie nach.

Schnittlauch teilen

Verwenden Sie Schnittlauch in Salaten, Kartoffelmus und Käse-Soßen. Anfang des Sommers, wenn Zwiebeln manchmal knapp sind, kann man statt dessen eine reichliche

Menge in Öl angebratenen Schnittlauch nehmen. Culpeper riet davon ab, ihn roh zu essen, „da er sehr schädliche Dämpfe hinauf ins Gehirn sendet". Diese Verleumdung ist gänzlich unbegründet.

Knoblauch wird wegen seiner stark aromatischen Zwiebeln angepflanzt, die aus zehn oder mehr „Zehen" bestehen. Pflanzen Sie die Zehen im Spätherbst 5 cm tief und in 15 cm Abstand in leichten Boden, der Sonnenlicht erhält. Im Hochsommer müssen die Pflanzen jedoch gewässert werden. Im August sterben die Blätter ab, und die Zwiebeln sollten ausgegraben werden. Trocknen Sie Knoblauch im Schatten an einem trockenen, luftigen Ort. Knoblauch war einst als Zauberpflanze bekannt, die gegen alle Arten von Krankheiten wirkte. Plinius sagte, „allein der Geruch verjagt Schlangen und Skorpione". Wer Knoblauch nicht kennt, mag sich vom Geruch verjagen lassen, doch ist er ein wichtiger Bestandteil der französischen, italienischen, indischen und nahöstlichen Küche. Man muß ihn beherzt verwenden.

Thymian Unter den verschiedenen Arten ist der Echte Thymian der beliebteste, aber auch der Zitronen-Thymian ist sehr würzig. Silber-Thymian wird hauptsächlich wegen seiner dekorativen Wirkung angepflanzt. Alle Arten bevorzugen gut gewässerten Boden und sehen im Steingarten dekorativ aus. Sonnenlicht bringt das Aroma hervor. Thymian bildet häufig auch ohne Hilfe des Gärtners Absenker. Wenn nicht, hilft man im Frühjahr nach. Triebstecklinge wachsen ebenfalls an. Teilen Sie gut angewurzelte Pflanzen im Herbst. Da Thymian eine immergrüne Pflanze ist, sollte man ihn im Spätsommer nicht zu stark zurückschneiden, da er sonst den Winter nicht überlebt. Thymian ist leicht

Absenker

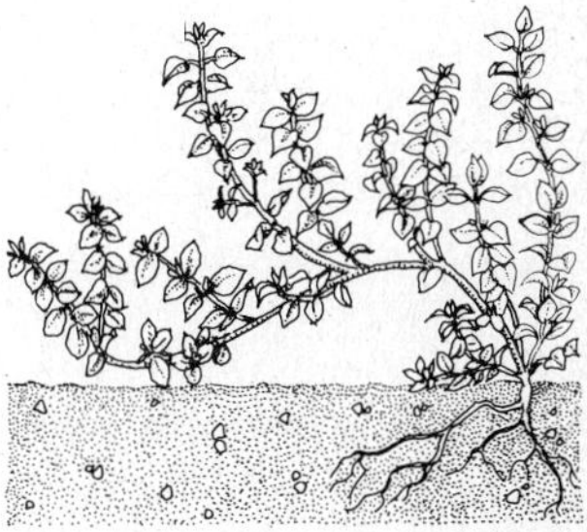

Vermehren Sie Thymian im April durch Absenker aus Trieben, die waagerecht von der Basis der Pflanze ausgehen.

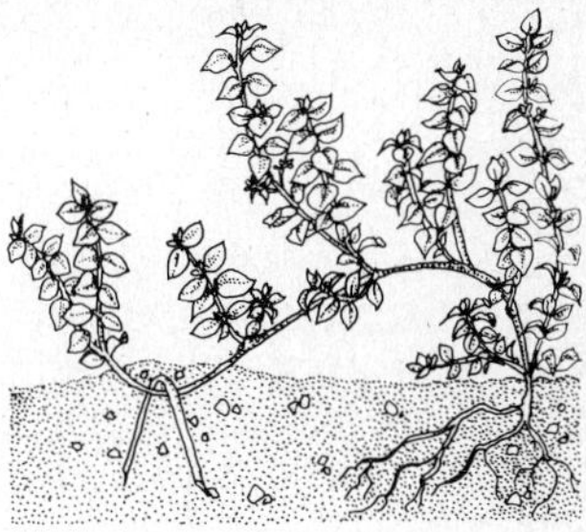

Befestigen Sie den Trieb mit einem Drahtbügel am Boden und drücken Sie ihn in das Erdreich.

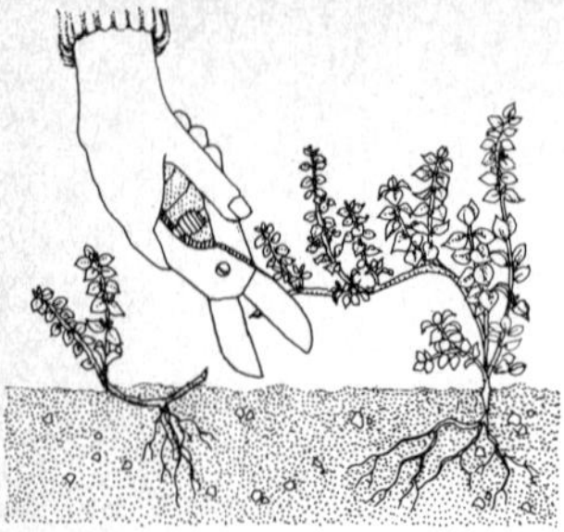

Im Juni sollten die neuen Wurzeln kräftig genug zum Verpflanzen sein. Durchtrennen Sie die Verbindung zur alten Pflanze.

---

zu trocknen. Er hat seinen Platz in Gewürzsträußchen, schmeckt aber auch köstlich in Käsesaucen und Eierspeisen sowie als Bratengewürz für die meisten Fleischsorten. Shakespeare sagt, das Bett der Feenkönigin sei ein Hang gewesen, „auf dem der wilde Thymian blüht". Das Riechen an einem Thymiansträußchen war Gerards Mittel gegen „Schmerzen im Kopf".

Wilder Majoran ist auch als Oregano bekannt. Diese Art läßt sich am leichtesten anbauen. Der Gartenmajoran hat ein zarteres Aroma, muß jedoch in frostgefährdeten Gärten wie eine einjährige Pflanze behandelt werden. Oregano benötigt volle Sonne und sehr gut dränierten Boden. Kalk tut ihm gut. Alljährlich bringt er 20 cm lange Laubtriebe hervor, denen rosafarbene, leicht purpurn getönte Blüten folgen. Im Herbst stirbt er ab. Teilen Sie dann oder im Frühjahr. Schneiden Sie Triebstecklinge oder säen Sie im Frühjahr Samen aus. Wenn April und Mai trocken sind, muß Majoran gewässert werden. Schützen Sie die Wurzeln im Winter mit einer dünnen Schicht Torf oder Lauberde. Oregano wird zu Pizza, Zwiebelsuppe und allen Fleischgerichten verwendet. Der kräftige Geschmack kommt in hausgemachter Wurst gut zur Geltung und ist wichtig im *bouquet garni*. Die Griechen glaubten, Majoran, der auf einem Grab wuchs, sei ein Zeichen dafür, daß sich der Tote glücklich fühle. Dieses aromatische Kraut ist heute noch in Parfüms anzutreffen und gehört zu den Kräutern, die im Mittelalter auf den Fußboden gestreut wurden, um die Luft im Raum zu aromatisieren.

Salbei gedeiht am besten auf Boden, der weder zu naß noch zu schwer ist. Er benötigt Sonne. Vermehren Sie ihn durch Absenker oder im April durch Triebstecklinge. Kräftige Pflanzen können auch im Herbst oder Frühjahr geteilt werden. Die breitblättrige Sorte bringt in England im allgemeinen keine Blüten hervor. Der Salbei wird etwa 30 cm hoch und bevorzugt weite Abstände zwischen den Pflanzen. Nach zwei bis drei Jahren wird er unregelmäßig; sorgen Sie also rechtzeitig für junge Pflanzen als Ersatz für die alten. Schneiden Sie das Kraut beim Ernten niemals bis an das Holz zurück, da sich neue Blätter nur an weichen Trieben bilden. Schmalblättrige Sorten lassen sich leichter trocknen als die breitblättrigen. Sie können jedoch im Winter von Zeit zu Zeit ein paar frische Blätter abpflücken. Purpurner Salbei wird wegen seines Laubs kultiviert, das einen guten Kontrast zu den Silber- und Dunkelgrüntönen so vieler anderer Kräuter bildet. Im 16. Jahrhundert verwendete man den Salbei „allgemein zum Füllen von Kalb, Schwein und Schweinebraten, und das aus gutem Grund“. Versuchen Sie ihn auch einmal in Käseomelett und Kräuterbrot.

Rosmarin ist ein immergrüner Strauch mit Blättern, die wie Kiefernadeln aussehen. Im Frühjahr erscheinen Trauben leuchtendblauer Blüten. Viele Leute, die sich nichts aus den köstlichen Blättern machen, pflanzen ihn seines hübschen Aussehens wegen an. Manche Sorten werden 2 m hoch, andere wiederum sind zwergwüchsig und eignen sich für den Steingarten. Alle bevorzugen Sonne und einen leicht trockenen Boden mit ein wenig Kalk. Lange Frostperioden verträgt der Rosmarin nicht, so daß man ihn in kalten Gegenden oder dort, wo der Boden schwer und naß ist, am besten in einen Kübel pflanzt. Schneiden Sie Triebstecklinge im Juni und füllen Sie den Topf mit einer Mischung aus Torf und grobem Sand. Halten Sie die Sonne fern, bis sich kräftige Wurzeln gebildet haben. Nehmen Sie Rosmarin zu Eiern, Fleisch, Fisch und süßen Geleespeisen. Einst glaubte man, sein Duft verbessere das Gedächtnis.

Triebstecklinge

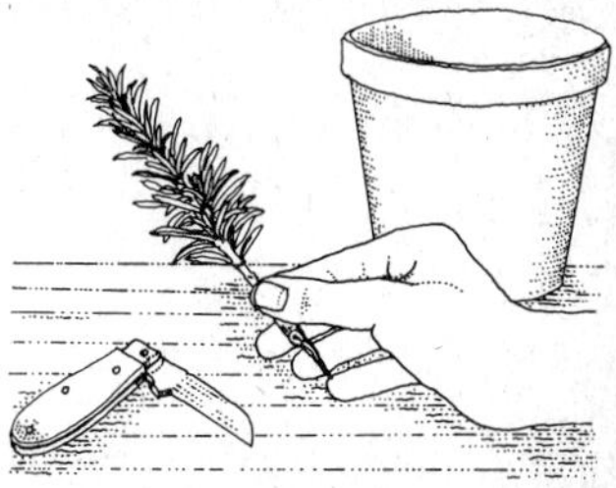

Reißen Sie einen Trieb mit einem Stückchen Rinde ab.

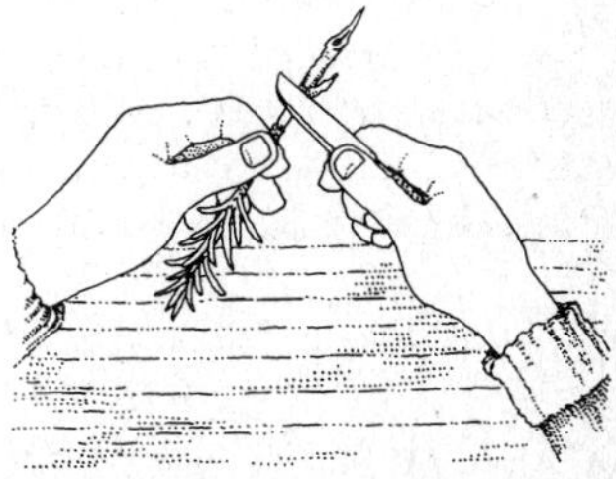

Entfernen Sie die Blätter von der unteren Hälfte des Triebs.

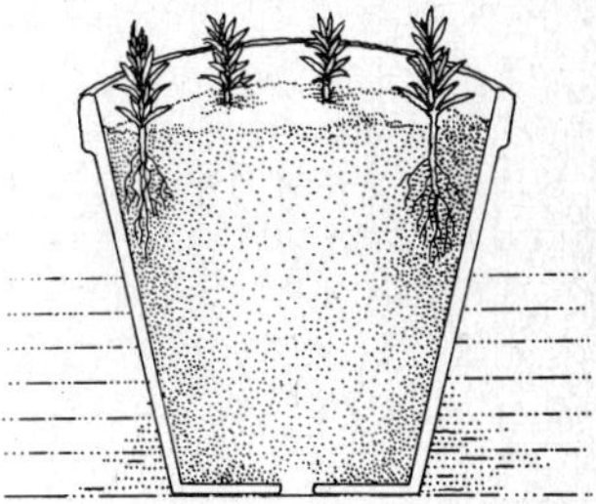

Setzen Sie die Stecklinge am Rand eines gut dränierten Topfes ein.

Lassen Sie den Topf im Schatten, bis sich neues Wachstum zeigt. Pflanzen Sie um.

Lorbeer Diese immergrüne Pflanze wächst im richtigen Klima zu einem 10 m hohen Baum heran. Er läßt sich aber auch ohne weiteres zu einem dekorativen Strauch zurückschneiden. Wie der Rosmarin ist er anfällig für starken Frost. Obwohl er den Winter meist übersteht, sollte man ihn doch lieber in einen großen Topf pflanzen. Bei kalter Witterung kann man ihn in ein sonniges Gewächshaus oder ins Haus stellen. Schneiden Sie im Frühjahr Stecklinge von jungen Trieben, bevor diese zu holzig werden. Im *bouquet garni* und in Currygerichten darf ein Lorbeerblatt nicht fehlen.

Estragon Der russische Estragon ist höher, aber die französische Sorte, die etwa 1 m hoch wird, hat ein viel besseres Aroma. Die Wurzeln benötigen viel Platz, und der Boden muß gut dräniert sein. In kaltem, nassem Boden stirbt der Estragon im Winter oft ab. Sonne bringt das Aroma hervor. Triebstecklinge können bis zum Juni jederzeit geschnitten werden. Reißen Sie unterirdische Ausläufer im Frühjahr heraus, aber nur, wenn die Pflanze kräftig ist. Decken Sie die Wurzeln in Gebieten mit starkem und anhaltendem Frost im Herbst mit einer Schicht Lauberde oder Stroh ab. Das Kraut hat einen kräftigeren Geschmack, wenn man es häufig zurückschneidet und nicht zu hoch aufschießen läßt. Der Estragon stirbt im Winter ab, doch kann man die Erntezeit verlängern, indem man eine eingetopfte Pflanze auf einem sonnigen Fensterbrett oder im Gewächshaus hält. Verwenden Sie Estragon zu Hühnchen und mit Majoran in Omeletts. Er ist auch ein wesentlicher Bestandteil der *Sauce Béarnaise*.

Zitronenstrauch Dieser Baum kam im 18. Jahrhundert aus Chile nach Europa. Auch er verträgt keine starken Fröste und sollte in einen großen Topf gepflanzt werden. In einem wirklich geschützten, warmen Garten gedeiht er jedoch gut. Er bevorzugt nährstoffarmen und trockenen Boden. Schneiden Sie im Sommer Stecklinge von jungem Holz. Die Blätter haben einen starken Zitronenduft und -geschmack und lassen sich zu einem sehr entspannenden Tee aufbrühen. Man kann sie in süßen und salzigen Gerichten anstelle von Zitrone verwenden.

Aussaat im Freien

Der Boden muß vor der Aussaat gut vorbereitet und unkrautfrei sein. Zerkleinern Sie Klumpen auf der Oberfläche mit einer Forke.

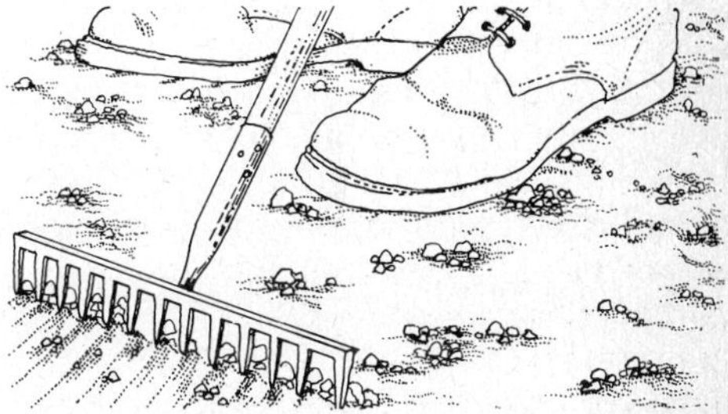

Entfernen Sie große Steine und harken Sie das Erdreich fein.

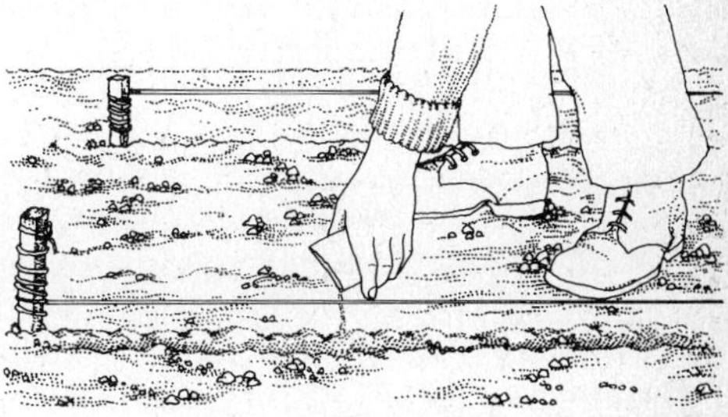

Säen Sie in gerader Linie entlang einer Schnur, die zwischen zwei Pflökken gespannt ist. Säen Sie sehr dünn, damit sich die Pflanzen nicht erdrücken.

Bedecken Sie die Saat leicht mit Erde, indem sie den Rücken der Harke über die Oberfläche ziehen. Kennzeichnen Sie jedes Kraut mit Namen und Aussaatdatum.

Borretsch kann ab März direkt an Ort und Stelle ins Freie ausgesät werden. Er bevorzugt gut dränierten Boden, verträgt aber auch ungünstigere Bedingungen. Er benötigt Sonne. Halten Sie junge Pflanzen unkrautfrei. Nach dem ersten Jahr kann man stets mit selbstausgesäten Sämlingen rechnen. Graben Sie diese mit dem Erdreich um die Wurzeln aus und setzen Sie sie mit rundum 50 cm Platz an die gewünschte Stelle.
Lassen Sie die blauen Blüten auf kühlen Sommergetränken schwimmen. Die saftigen, nach Gurke schmeckenden Blätter kann man gehackt an Salate und Käse-Soßen geben. Culpeper verwendete Borretsch, „um Melancholie zu vertreiben".

Basilikum muß in kalten Klimaten als einjährige Pflanze kultiviert werden, obwohl es in seiner Heimat Indien mehrjährig ist. Es läßt sich nicht verpflanzen; säen Sie deshalb ein paar Samen in einem 12 cm großen Topf aus. Lassen Sie nur zwei Sämlinge im Topf stehen, kneifen Sie die übrigen ab und geben Sie sie an einen Salat. Stellen Sie die Töpfe nach dem letzten Frost in die Sonne; Sie können sie auch bis zum Rand in ein Beet mit anderen Kräutern eingraben. Pflücken Sie regelmäßig Blätter ab und achten Sie darauf, daß sich keine Blüten bilden. Holen Sie die Töpfe im zeitigen Herbst ins Haus. Hier hält das Basilikum, wie behauptet wird, Stubenfliegen fern und erfreut Sie ein oder zwei weitere Monate mit frischen Blättern. Servieren Sie es in Saucen auf Tomatenbasis und zu Geflügel, Fisch und Fleisch.

Petersilie ist das Kraut, das jeder kennt. Sie ist eine zweijährige Pflanze, gedeiht jedoch besser, wenn man sie wie eine einjährige behandelt. Die Aussaat erfolgt ab April in ziemlich feuchten Boden. Säen Sie sehr dünn aus. Die Keimung geht oft langsam voran. Dünnen Sie die Sämlinge auf Abstände von 2 cm aus. Säen Sie im Juni und August Folgesaaten aus. Halten Sie die Petersilie unkrautfrei und wässern Sie in Perioden der Trockenheit. Petersilie zieht Schnecken an. Pflücken Sie die Blätter oft und lassen Sie nur die grüne Mitte der Pflanze stehen. Lassen Sie die Petersilie nicht zum Blühen kommen. Das Aroma paßt ausgezeichnet zu den meisten Gemüsen und zu Fischgerichten. Man sollte dieses vitaminreiche Kraut sogar dann essen, wenn es nur als Garnierung serviert wird.

Kerbel gehört zu den *fines herbes* der französischen Küche. Die Aussaat erfolgt im zeitigen Frühjahr. Der Boden darf nicht zu feucht sein. Eine allzu sonnige Lage verträgt der Kerbel nicht. Dünnen Sie die Pflanzen so aus, daß jede 30 cm freien Raum hat.
Ernten Sie nach zwei Monaten. Manchmal bringt das Kraut den ganzen Winter hindurch Grün hervor.
Getrockneter Kerbel hat nur sehr wenig vom Aroma des frischen

1. Basilikum
2. Thymian
3. Salbei
4. Estragon
5. Minze
6. Majoran
7. Borretsch
8. Petersilie

Krauts. Verwenden Sie ihn großzügig in Salaten, Saucen und Eierspeisen. Auch zu Spinat schmeckt er köstlich.

Dill ist ein gelbblütiges Doldengewächs, das etwas höher wird als Koriander. Säen Sie im April aus, dann können Sie im Herbst die reifen Samen ernten. Dünnen Sie auf Abstände von 30 cm aus. Binden Sie die Pflanzen in windiger Lage an Stäbe. Pflanzen Sie Dill niemals dicht bei Fenchel an, da Fremdbestäubung eine Hybride von minderem Geschmack hervorbringt. Schneiden Sie die Dolden ab, bevor die Blütenblätter fallen, und hängen Sie sie gebündelt mit den Dolden nach unten an einen kühlen Ort. Stellen Sie eine große Schüssel darunter, um die Früchte aufzufangen. Geben sie gehackte Dillblätter an Gurken- und Kartoffelsalat. Dillfrüchte sind ein uraltes Mittel gegen Bauchweh bei Babys, schmekken aber auch gut in Eintopfgerichten und eingelegtem Gemüse.

Koriander ist eines der wenigen Doldengewächse, die nicht viel Platz benötigen. Säen Sie im zeitigen Frühjahr aus und dünnen Sie die Pflanzen auf Abstände von 50 cm aus. Koriander schätzt Sonne und wird etwa 1 m hoch. Er sollte nicht im Schatten anderer Pflanzen stehen. Man baut ihn wegen seiner Früchte an. Sammeln Sie diese, sobald die winzigen hellrosa Blüten abgefallen sind. Bewahren Sie sie in luftdichten Dosen oder Gläsern an einem dunklen Ort auf. Sie würzen Curries und andere scharfe asiatische Gerichte. Ein Teelöffel gemahlener Koriander schmeckt gut in heißem Apfelauflauf. Das Manna, das Moses in der Wüste fand, wird für Korianderfrüchte gehalten.

Aussaat im Haus

Säen Sie die Samen nicht in kalten, schweren Boden aus, sondern streuen Sie sie dünn in eine Kiste mit feuchter Aussaaterde.

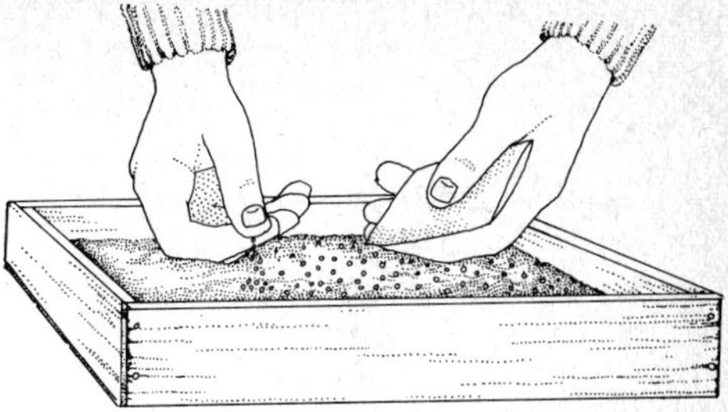

Bedecken Sie die Samen mit einer dünnen Schicht Erde. Säen Sie nur eine Sorte pro Kiste aus und kennzeichnen Sie genau. Wässern Sie sparsam.

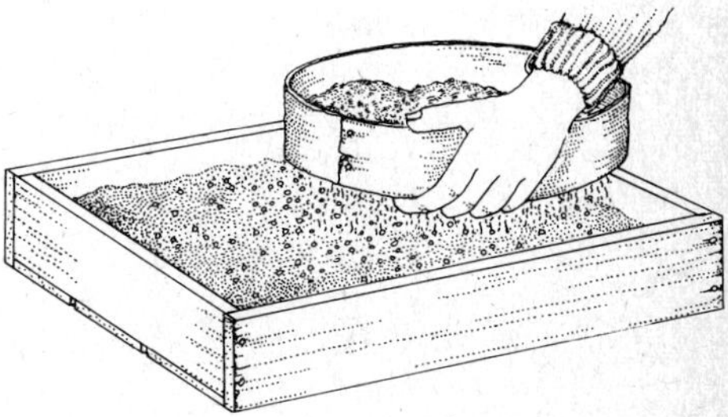

Bedecken Sie die Kiste mit einem Stück dicker, dunkler Kunststoffolie oder mit Lagen trockenen Zeitungspapiers. Im Dunkeln keimen die Samen schneller.

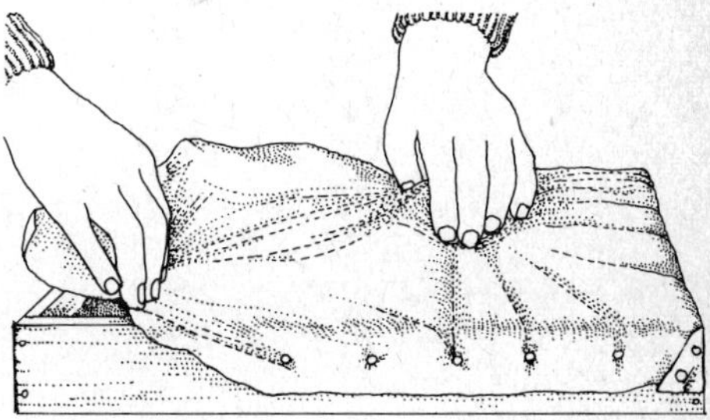

Entfernen Sie die Abdekkung, sobald die jungen Blätter erscheinen. Verpflanzen Sie die Sämlinge in eine andere Kiste.

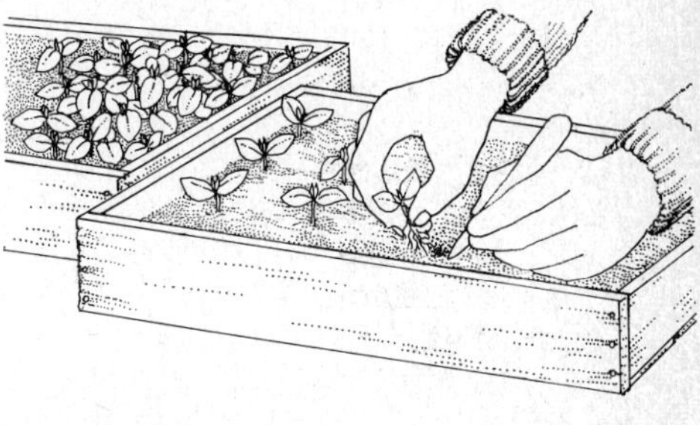

Kräuter trocknen und lagern

Sie können Ihre selbstgezogenen Kräuter das ganze Jahr hindurch genießen, wenn Sie sich beim Trocknen ein wenig Mühe geben. Das Ziel ist, die natürliche Farbe so weit wie möglich und das ätherische Öl, das ihnen das Aroma verleiht, völlig zu erhalten. Schneiden Sie die Kräuter an einem warmen, trockenen Tag im Juli, gleich nachdem der Tau verdunstet, aber bevor die Sonne richtig heiß ist. Benutzen Sie ein sehr scharfes Messer oder eine Schere, und gehen Sie sehr vorsichtig mit den Blättern um. Sie dürfen nicht zerdrückt oder verletzt werden. Schneiden Sie nicht mehr als ein Drittel der Triebe immergrüner mehrjähriger Pflanzen; einjährige Kräuter dagegen können stärker abgeerntet werden. Die meisten einjährigen Kräuter sowie Estragon bringen im Herbst eine zweite Ernte hervor.

Kräuter trocknen

Bespannen Sie einen Rahmen mit netzartigem Stoff. Verteilen Sie die Blätter locker darauf. Lassen Sie sie an einem warmen, luftigen Ort trocknen.

Wenden Sie die Blätter täglich, damit sie gleichmäßig trocknen.

Streifen Sie die Blätter von den Stengeln, sobald sie völlig trocken sind. Zu langes Trocknen macht sie pulverig.

Verwenden Sie luftdichte Gläser zum Lagern. Kräuter halten sich besser im Dunkeln. Streichen Sie die Gläser mit Farbe an und kleben Sie Etiketten mit Name und Datum darauf.

Kräuter tiefkühlen

Tiefkühlen konserviert Kräuter zuverlässig. Pflücken Sie lange Stengel. Binden Sie sie zu Sträußen und knoten Sie ein langes Stück Baumwollfaden ans Ende. Tauchen Sie die Sträuße eine Minute in kochendes Wasser. Lassen Sie den Faden überhängen, damit Sie sich nicht verbrühen.

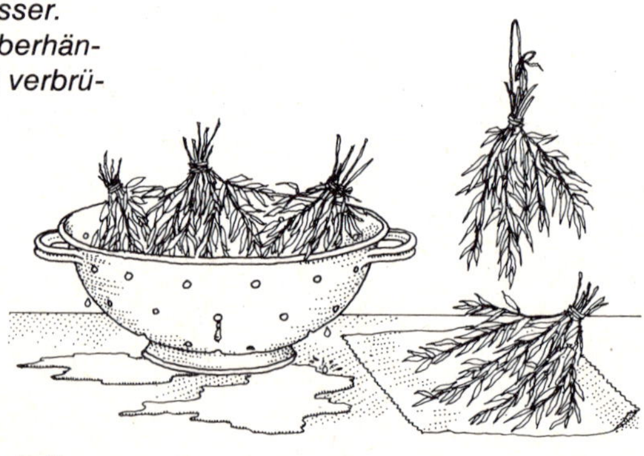

Hängen Sie die Kräutersträuße an einen Haken oder lassen Sie sie auf einem Durchschlag abtropfen. Die Kräuter müssen völlig trocken sein, bevor Sie sie für das Gefriergerät verpacken.

Nehmen Sie klare Kunststoffolie zum Verpacken. Teilen Sie die Kräuter zuvor in Einzelportionen auf, wie sie in den Rezepten vorgeschrieben sind. Eine Mischung aus Rosmarin, Majoran, Schnittlauch und Estragon paßt gut zu Huhn. Hacken Sie Schnittlauch vor dem Gefrieren. Stellen Sie bouquets garnis *zusammen.*

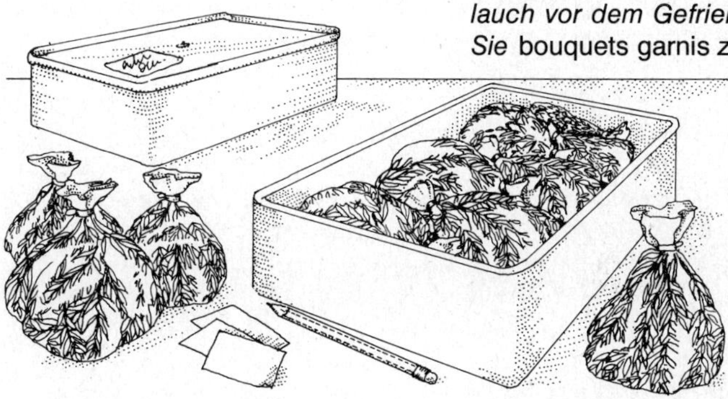

Legen Sie die Kräuter in Dosen, damit sie im Gefriergerät nicht zerdrückt werden. Legen Sie einzelne Kräuter und Mischungen für bestimmte Rezepte jeweils in eine Dose. Kennzeichnen Sie deutlich. Entnehmen Sie dem Gefriergerät Kräuter nur, um sie sofort zu verwenden.

Kräuter für die Schönheit

Man kann seinen Garten farbenfreudig gestalten, wenn man sich auf diejenigen Arten beschränkt, die einst zu den Heilkräutern gezählt wurden. Viele Pflanzen, die sich für die Blumenrabatte eignen, gehören in diese Kategorie. Goldrute und Baldrian spielten einst eine Rolle in Medikamenten, Lavendel und Maiglöckchen waren wegen ihres Dufts beliebt, während Herbstzeitlose und Christrose Alkaloide enthalten, die zur Linderung von Schmerzen verwendet wurden. Die lange Geschichte dieser Pflanzen ist natürlich nicht der einzige Grund, sie anzupflanzen. Jede von ihnen hat ihre eigene Farbe, Form und Struktur, und einige spenden reichen Duft. Silbernes, buntes oder immergrünes Laub trägt dazu bei, den Garten das ganze Jahr hindurch abwechslungsreich zu gestalten.

Ein Garten sollte den persönlichen Geschmack des Besitzers widerspiegeln, und in der langen Liste alter Heilpflanzen ist genügend Auswahl vorhanden, um jedem etwas zu geben. Viele Arten haben heute so große, leuchtende und haltbare Blüten, daß die alten Pflanzenkundigen sie kaum wiedererkennen würden.

Die Gesundheit der Pflanzen hängt von den Bedingungen des Bodens ab. Bereiten Sie das Staudenbeet vor dem Bepflanzen vor. Schwerer Lehmboden muß umgegraben und dem Frost ausgesetzt werden. Fügen Sie dann so viel Torf hinzu, wie Sie sich leisten können. Reichern Sie leichte Böden mit Düngemitteln an.

Die Lage eines gemischten Beets ist wichtig, da die meisten mehrjährigen und viele einjährige Pflanzen nur in voller Sonne gut gedeihen. Wenn Ihr Garten jedoch im Schatten von Gebäuden oder Bäumen liegt, lassen Sie sich von Johanniskraut und Immergrün trösten, die auch in einer dunklen Ecke gedeihen. Parkinson stellte eine Ischiasmedizin aus den Samen des alten englischen Großen Johanniskrauts oder „Blutheils“ her. Buntblättriges Immergrün bringt im Frühjahr leuchtendblaue Blüten hervor. Gerard sagte, „die Blätter, von Mann und Weib gemeinsam gegessen, erwecken Liebe“. Diese beiden Pflanzen erfordern wenig Aufmerksamkeit und bedecken eine Böschung rasch. Achten Sie darauf, daß sie die anderen Pflanzen in der Nähe nicht erdrücken.

Blauviolette und weiße Stiefmütterchen können im März unter Glas aus Samen angezogen und im Mai ins Freie gepflanzt werden. Sie können Sie aber auch direkt an Ort und Stelle aussäen. Stiefmütterchen bevorzugen feuchten, nährstoffreichen Boden. Sie verlängern die Blütezeit, wenn Sie verwelkte Blüten entfernen.

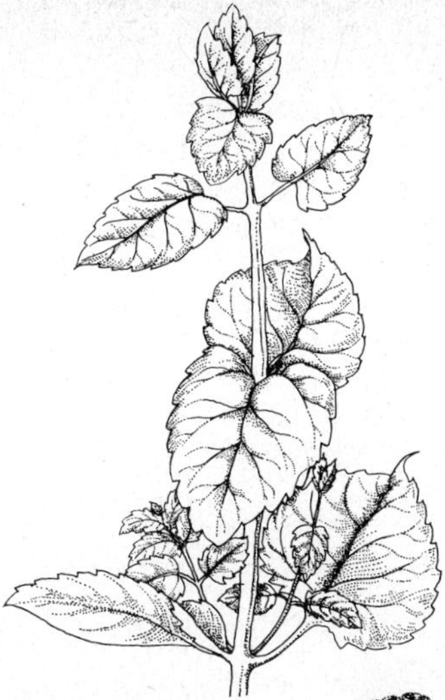

Katzenmelisse

Lorbeer

Baldrian

Lavendel

Engelwurz

Das Wohlriechende Veilchen hat winzige, stark parfümierte Blüten. Die Christrose muß vor Schnecken geschützt werden. Maiglöckchen wurzeln nur langsam an, müssen dann jedoch in Schranken gehalten werden, da sie sonst ihre Nachbarn verdrängen.

Das Lungenkraut bringt eine Fülle violetter und blauer Glocken hervor. In Frühlingssträußen sind sie ein guter Kontrast zu zwergwüchsigen Gelben Narzissen.

Alle diese Pflanzen fühlen sich im Schatten wohl und sollten bei heißem Wetter gelegentlich gewässert werden. Teilen Sie sie, sobald sie zu dicht werden.

Ein duftender Garten

Ein Garten sollte die Nase ebenso erfreuen wie das Auge. In der Renaissance liebte man Kamillenrasen. Er muß mit der Hand vom Unkraut befreit werden, da Chemikalien, die Unkraut vernichten, gleichzeitig auch die Kamille ausrotten. Pro Quadratmeter benötigt man 80 Pflanzen. Säen Sie in Kisten aus und verpflanzen Sie bei einer Höhe von 5 cm in Abständen von 10 cm. Der Rasen darf nicht zum Blühen kommen. Stellen Sie die Messer des Rasenmähers hoch, wenn Sie mähen. Der Lohn für all diese Mühe ist der kräftige Duft, der aufsteigt, wenn die Kamille betreten wird.

Parfüm und Farbe

Auf dem Mittelbeet steht die reich duftende Damaszener-Rose Madame Hardy. Sie hat eine lange Blütezeit und eine hübsche Form. Die sie umgebenden Nelken sind ebenso wohlriechend. Es sind Sorten der Allwood-Nelke in Schattierungen, die von Weiß bis zum tief-

1. Sonnenblumen, 2. Goldrute,
3. Königskerze, 4. Zitronenminze,
5. Silber-Thymian,
6. Ringelblumen,
7. Katzenmelisse,
8. Baldrian, 9. Fingerhut,
10. Engelwurz,
11. Gelbe Schafgarbe,
12. Mohn,
13. Herbstzeitlosen, 14. Tabak,
15. Lungenkraut,
16. Maiglöckchen, 17. Christrose,
18. Veilchen, 19. Johanniskraut,
20. Immergrün, 21. Rose,
22. Nelken, 23. Stiefmütterchen,
24. Lavendel, 25. Kamille,
26. Zitronenstrauch,
27. Lorbeerbaum, 28. Ahorn

sten Rot reichen. Man kann Sie aus Samen ziehen oder durch Stecklinge vermehren. Pflanzen Sie sie stets dicht.

Der Echte Lavendel hat manchmal die Artbezeichnung *officinalis*. Seine silbrigen Blätter sehen das ganze Jahr hindurch reizvoll aus. Pflanzen Sie ihn in leichten Boden und schneiden Sie ihn im Frühjahr in Form.

Die würzig duftende Katzenmelisse stirbt im Winter ab. Bringen Sie sie dann in Form und vermehren Sie sie durch Teilung oder Aussaat. Das Polster aus grauem Laub und die blauen Blüten machen sie besonders geeignet als lockere Beeteinfassung.

Kräftige Stauden

Der prächtige Anblick einer Engelwurz in ihrer vollen Höhe von 2,50 m entschädigt für die vier Jahre, die Sie auf die Blüten warten müssen. Goldrute war einst ein Bestandteil von Wässern gegen Entzündungen und Geschwüre. Im Spätsommer bietet sie einen hübschen Anblick. Teilen Sie sie oft; sie gedeiht in Sonne oder Schatten. Für die Mitte einer Rabatte sollten sie die kürzere *Solidago virgaurea* wählen. Baldrian verdankt seinen lateinischen Namen *Valeriana* seiner Heilkraft (*valere* bedeutet heilen). Er blüht fast den ganzen Sommer hindurch. Culpeper verwendete ihn, „um Dornen aus dem Fleisch zu ziehen".

Die Gelbe Schafgarbe ist eine Verwandte der wilden Schafgarbe, deren heilkräftige Eigenschaften Achill von dem Kentauren Chiron erfahren haben soll. Teilen Sie sie alle drei Jahre und binden Sie sie zum Schutz vor Wind an Stäbe. Es gibt auch eine rosarote Sorte. Fingerhüte gibt es zwei- und mehrjährig. Einige sehr starkfarbige Sorten existieren, alle mit den charakteristischen dunklen Flecken. Sie vertragen Schatten.

Die Zitronenminze hat einen berauschenden Duft und ungewöhnliche Blüten, die in Scheinquirlen um die Stengel stehen. Die Oswago-Indianer bereiten daraus einen Beruhigungstee zu. Geben Sie ihr feuchten Boden. Vermehren Sie durch Teilung oder Aussaat.

Pflanzenkundige behandeln Lungenkrankheiten mit Königskerze. Es gibt großblütige mehrjährige, aber auch noch höhere zweijährige Exemplare. Pflanzen Sie sie in ziemlich trockenen Boden. Die Blätter haben eine reizvoll wollige Oberfläche.

Ordnungsliebenden Menschen gefällt der Türken-Mohn nicht so sehr. Stützen Sie die glänzend scharlachroten Blüten mit Buschzweigen. Bewahren Sie die Samenkapseln zur Vermehrung auf. Unter den hundert anderen hübschen Heilkräutern lohnt sich ein Versuch mit Rainfarn, Skabiose, Beifuß und der prächtigen Pfingstrose.

Sorgenfreie Sommerblumen

Säen Sie Sonnenblumen im April an einer Mauer oder einem Zaun aus. Halten Sie Abstände von mindestens 30 cm. Tabakblüten füllen Ende August die Abendluft mit ihrem schweren Duft. Es gibt sie in vielen Farben. Säen Sie im März unter Glas aus und verpflanzen Sie im Mai. Ringelblumen säen sich nach dem ersten Jahr selbst aus. Wenn Sie die verwelkten Blüten abschneiden, halten sich die Pflanzen manchmal bis Weihnachten.

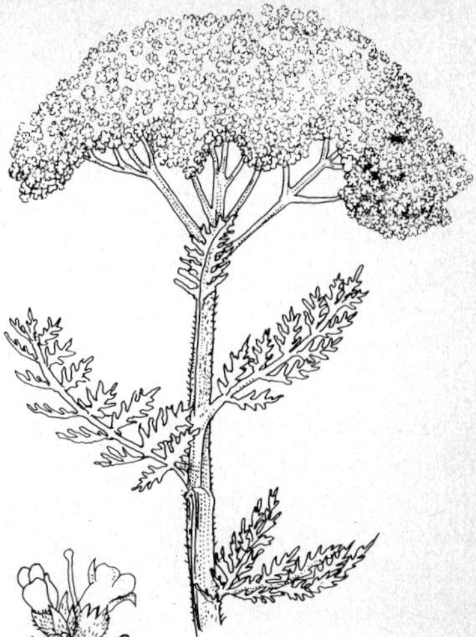

Gelbe Schafgarbe

Sonnenblume

Königskerze

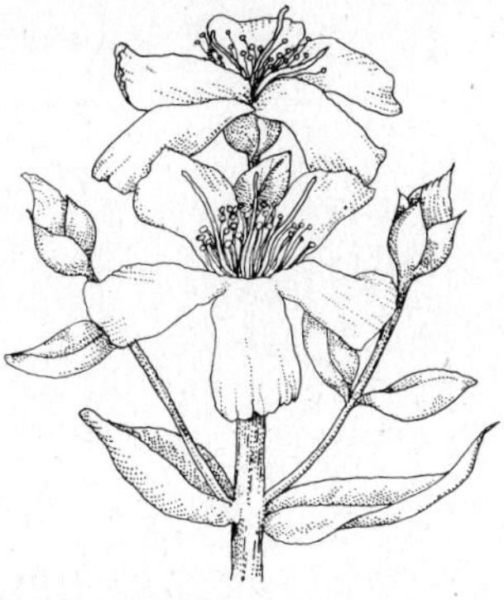

Johanniskraut

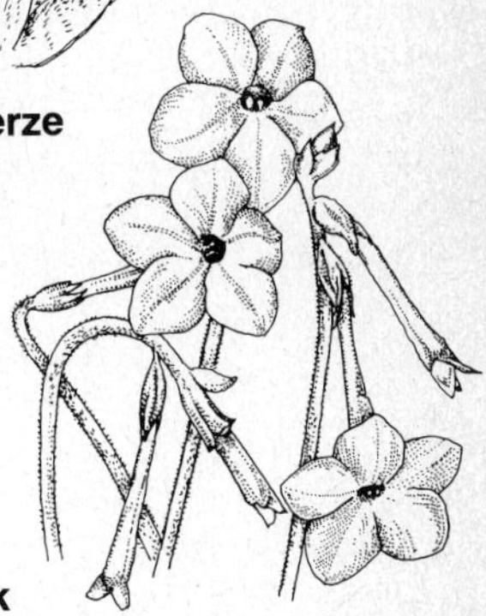

Tabak

Kräuter in Töpfen und Blumenkästen

Ein Kräutergarten in Blumenkästen oder Töpfen kann sogar für Gartenbesitzer sehr angenehm und nützlich sein. Gute Dränage in den Behältern und viel Sonne sind unentbehrlich. Kräuter, die traurig auf einer dunklen, nach Norden gelegenen Fensterbank dahinvegetieren, bringen wenig Freude. Im Sommer sind alle Kräuter am liebsten im Freien. Wenn kein Sims vorhanden ist, um sie daraufzustellen, achten Sie wenigstens darauf, daß das Fenster oft geöffnet ist. Duftende Pelargonien fühlen sich auch im Zimmer wohl, und die nach Zitrone duftende Art läßt sich in der Küche vielseitig verwenden. Minze, Estragon, Basilikum und Schnittlauch, die im Herbst im Freien absterben, bringen in einer warmen, hellen und zugfreien Küche den größten Teil des Winters frisches Grün hervor.

Einen Topf füllen
Legen Sie eine Schicht Tontopfscherben oder ein paar unregelmäßig geformte Steine auf den Boden. Das Dränageloch darf nicht verschlossen werden. Füllen Sie etwa 5 cm Gartensand und darauf Blumenerde ein. Drücken Sie eine Vertiefung für die Pflanze hinein und geben Sie dann Erde um die Wurzeln. Füllen Sie den Topf bis 2,5 cm unter den Rand mit Erde. Wässern Sie gründlich.

Auf einer Terrasse oder einem breiten Balkon kann man die Kräuterkästen auf verschiedene Höhen bringen, indem man den Kasten im Hintergrund einfach auf eine Reihe Ziegel stellt. So kultivierte Pflanzen müssen regelmäßig zurückgeschnitten werden.

Dekorative Kübel und Töpfe mit Kräutern können den Blickpunkt einer Terrasse bilden. Sie lassen sich aber auch auf Stufen gruppieren. Pelargonien oder Petunien mit ihren leuchtenden Farben haben eine belebende Wirkung. Auf beschränktem Raum kann man einen ganzen Kräutergarten in einem Topf mit weiten Öffnungen anlegen. Achten Sie auf sehr gute Dränage und wässern sie jede Öffnung einzeln.

Stellen Sie den Topf auf einen Untersetzer oder in eine Schale, und gießen Sie überschüssiges Wasser stets fort. Düngen Sie Ihre Pflanzen mit Flüssigdünger, und befolgen Sie die Anweisungen des Herstellers.

Kräuter auf dem Fenstersims

Töpfe und Kästen müssen sehr fest auf dem Fenstersims verankert sein. Minze ist zäh und übersteht sogar einen plötzlichen Fall auf die Straße. Der Kopf, auf dem sie landet, könnte jedoch weniger widerstandsfähig sein. Wenn Sie Kräuter in Töpfen ziehen, sieht ein Brett, das vor ihnen verläuft und zu beiden Seiten an der Mauer befestigt ist, hübsch aus und verhütet Unfälle. Schrauben Sie zur Sicherung von Blumenkästen Winkeleisen auf das Sims.

Thymian, Majoran, Salbei und Basilikum gedeihen gut auf dem Fenstersims und Minze ebenfalls, wenn sie sich in einem Extratopf befindet. Im Sommer sollten sie mit dem Wässern warten, bis die Sonne die Kräuter nicht mehr bescheint.

Kapuzinerkresse bringt Farbe in den Blumenkasten. Außerdem ist sie eßbar. Die Blätter schmecken gut auf Butterbrot oder gehackt zu Hüttenkäse. Die eingelegten Samen können wie Kapern verwendet werden.

Schnittlauch benötigt weniger Sonne als die meisten anderen Kräuter, ist jedoch, wenn man ihn im Topf kultiviert, anfälliger gegen Blattläuse. Unternehmen Sie sofort etwas. Geben Sie einen Schuß flüssige Seife in eine leere Geschirrspülmittelflasche. Füllen Sie mit Wasser auf. Waschen Sie die Pflanze damit ab.

Rosmarin und Lorbeer fühlen sich in Töpfen wohl und können von Köchinnen, die häufig Blätter abschneiden, als dekorative Miniaturbäume gehalten werden.

Terrakottatöpfe werden in einer Vielfalt interessanter Formen hergestellt. Erdbeertöpfe wie dieser lassen sich sehr gut mit Petersilie bepflanzen. Säen Sie die Samen auf der Oberfläche wie gewöhnlich aus. Drücken Sie dann ein oder zwei Samen in jedes der seitlichen Löcher. In diesen Töpfen wird die Petersilie seltener von Schnecken und anderen Schädlingen befallen. Man kann sie von oben oder unten wässern.

Kochen mit Kräutern

Es gibt keine festen Regeln für das Kochen mit Kräutern und Gewürzen. Die Menge von Thymian, Salbei oder Kümmel, die Sie in einem Gericht verwenden, ist Sache des persönlichen Geschmacks. Getrocknete Kräuter sind jedoch etwa doppelt so stark wie frische. Meist genügt beim Kochen schon ein Hauch von Würze. Scheuen Sie sich nicht, mit einem neuen Kraut zu experimentieren, um festzustellen, wieviel Sie brauchen.
Die Rezepte sind, falls nicht anders angegeben, für 4 Personen bestimmt.
Abkürzungen
TL = Teelöffel
DL = Dessertlöffel
EL = Eßlöffel

Linsensuppe mit Rosmarin
500 g rote Linsen
250 g Kartoffeln
3/4 l Fleischbrühe
3/4 TL getrockneter Rosmarin (oder die doppelte Menge frischer)
Stück Zitronenschale
Salz und Pfeffer

Vor der Gefahr des Überwürzens mit Rosmarin wird häufig dringend gewarnt. Diese Suppe bricht die Regeln mit ihrem ausgeprägtem Aroma.

Die Linsen waschen und in einen Topf geben. Die Kartoffeln abschrubben oder schälen, in kleine Würfel schneiden und hinzufügen. Fleischbrühe und Rosmarin zugeben. Langsam zum Kochen bringen und sorgfältig überwachen. Sobald sich der Schaum gelegt hat, schalten Sie auf sehr geringe Hitze und lassen das Ganze etwa 30 Minuten leicht sieden. Nach 20 Minuten die Zitronenschale hineingeben. Diese Suppe ist sehr dick und hervorragend geeignet für kalte, nasse Abende. Sie kann, wenn nötig mit einem weiteren Viertelliter Fleischbrühe verdünnt werden.

Rotkohl
500 g fester Rotkohl, grobgehackt
2 bis 3 kleine Zwiebeln
1 EL Estragonessig
1/2 großer Kochapfel, gehackt
1 TL Kümmel
8 grüne Oliven, in Scheiben geschnitten
90 g Backobst
Salz und schwarzer Pfeffer
Öl

Den Boden eines schweren Topfes oder einer eisernen Kasserolle mit ein wenig Öl bedecken. Die Zwiebeln hacken und glasig werden lassen. Fügen Sie den gehackten Apfel, den Kohl und die übrigen Zutaten hinzu. Den Topf fest zudecken. Lassen Sie den Topf 20 bis 25 Minuten auf sehr schwacher Hitze. Rühren Sie gelegentlich um. Der Kohl sollte noch ein wenig fest sein. Er schmeckt auch dann noch vorzüglich, wenn man ihn länger kochen läßt, weil sich die Gäste verspätet haben.

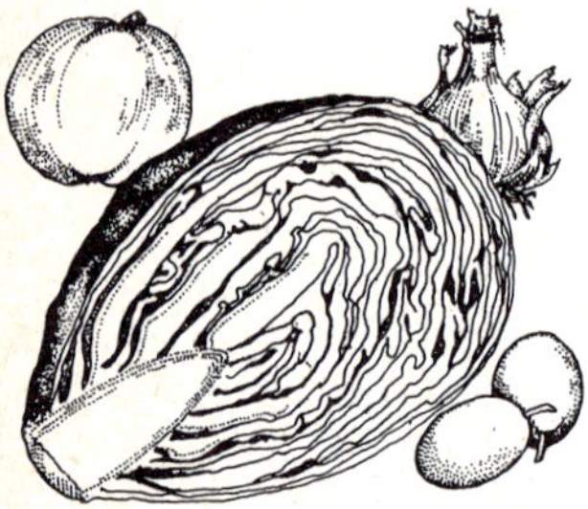

Majoran-Topf

1 kg Kartoffeln
125 g Zwiebeln
180 g Käse
2 TL Majoran (mehr, wenn frisch)
Gewürze
420-g-Dose Tomaten

Schneiden Sie die Kartoffeln in sehr dünne Scheiben. Legen Sie eine Schicht davon in eine gut gefettete Kasserolle. Auf den Kartoffeln gehackte Zwiebeln, ein wenig geriebenen Käse, Majoran, gehackte Tomaten und Gewürze verteilen. Mit einer weiteren Schicht Kartoffeln bedekken und wiederholen. Die oberste Schicht sollte aus ein paar Kartoffelscheiben bestehen. Den Saft der Tomaten über die Oberfläche gießen. Dieses Gericht schmeckt gut, ganz gleich, ob man es schnell kocht ($1^1/_4$ Stunden bei 200 °C) oder 2 bis 3 Stunden bei halb so hoher Temperatur.

Hartgekochte gefüllte Eier mit Quark, Schnittlauch und Cayennepfeffer

Füllung für 6 Eier
120 g Quark
Eine gute Handvoll Schnittlauch (lassen Sie getrockneten Schnittlauch in ein wenig Wasser quellen, falls kein frischer vorhanden ist)
Cayennepfeffer
Gewürze

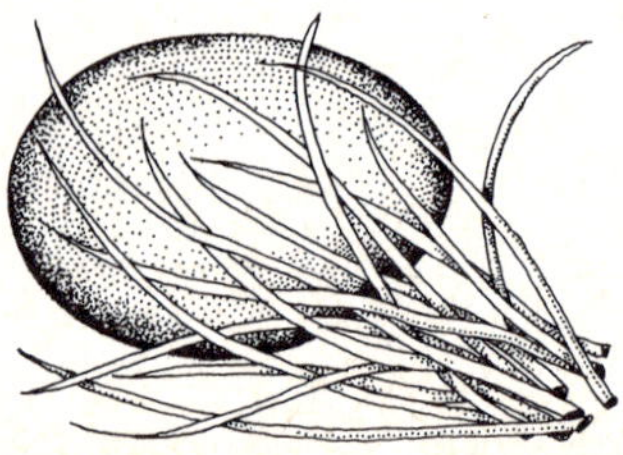

Kochen Sie die Eier sehr hart. Abkühlen lassen, dann schälen und quer halbieren. Nehmen Sie die Eigelbe heraus und zerstampfen Sie sie in einer Schüssel mit den übrigen Zutaten. Vom unteren Ende jeder Eihälfte eine dünne Scheibe abschneiden. Die Eiweiße mit der Mischung füllen und in eine Schüssel stellen. Bis 5 Minuten vor dem Servieren gut zugedeckt unten in den Kühlschrank stellen.

Avocados mit Estragon-Mayonnaise

3 Avocados
1 großes Eigelb
1/6 l Olivenöl
1/4 TL Senfpulver
1 EL Zitronensaft
1 DL getrockneter Estragon (mehr, wenn frisch)
Salz und Pfeffer

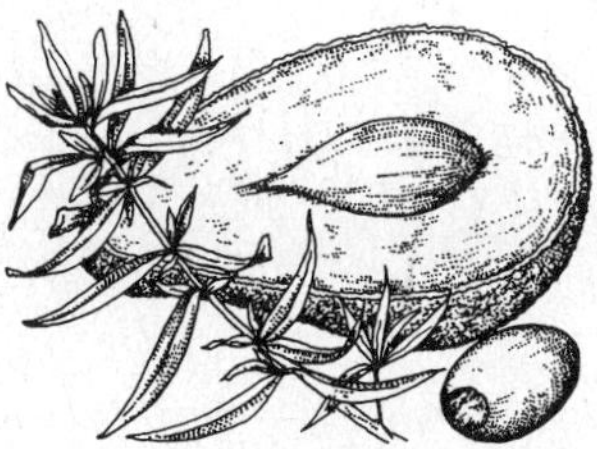

In einer Schüssel Senf, Eigelb und Gewürze vermischen. Das Öl tropfenweise hinzufügen und mit einem Schneebesen rühren, bis die Mischung dick wird. Sobald die Hälfte des Öls verbraucht ist, können Sie es etwas schneller zugießen. Estragon sowie Zitronensaft nach Geschmack hinzufügen.

Die Avocados der Länge nach halbieren und die Kerne herausnehmen. Das Fleisch aushöhlen und in kleine Würfel schneiden. Die Sauce über die Avocadowürfel gießen, das Ganze wieder in die Schalen füllen und auf Salatblättern servieren.

Fischragout mit Thymian und Safran

1 kg entgräteter, filetierter weißer Fisch
1/2 Tasse Olivenöl
1 feingehackte Knoblauchzehe
60 g gehackte grüne Paprikaschote
1 TL getrockneter Thymian (doppelt so viel, wenn frisch)
Pfeffer und Salz
1 TL Safran

Zwiebel, Knoblauch und Paprikaschote im Öl anbraten. Den in Würfel geschnittenen Fisch, Safran und Thymian zufügen. Wenn alles stark erhitzt ist, bedecken Sie es mit Wasser. Schnell kochen lassen, bis der Fisch gar ist, aber noch aus festen Stücken besteht. Servieren Sie das Ragout sofort mit knusprigen Brotstücken zum Auftunken der Sauce.

Fisch-Pie

500 g geräucherter Schellfisch
1/4 l Milch
30 g Butter
30 g Mehl
2 EL frischgehackte Petersilie
1 gehacktes hartgekochtes Ei
Zitronensaft und Gewürze
Kruste:
500 g Kartoffeln (gekocht und zerstampft)
1 EL saure Sahne
Eine Handvoll gehackter Schnittlauch
30 g Butter

Legen Sie den Fisch in die Milch. Dann die Butter bei geringer Hitze zerlassen, das Mehl hinzufügen und mit einem Holzlöffel vermischen. Gießen Sie die Milch unter ständigem Rühren langsam dazu. Nehmen Sie die Sauce vom Feuer, sobald sie dick wird. Den Fisch auf den Boden einer gut gefetteten Form legen, mit Kräutern, gehacktem Ei und Gewürzen bestreuen und mit Zitronensaft beträufeln. Gießen Sie die Sauce darüber. Vermischen Sie die zerstampften Kartoffeln mit saurer Sahne und Schnittlauch. Streichen Sie diese Mischung auf den Fisch und belegen Sie die Oberfläche mit Butterflöckchen. Im Ofen bei 170 °C braun backen.

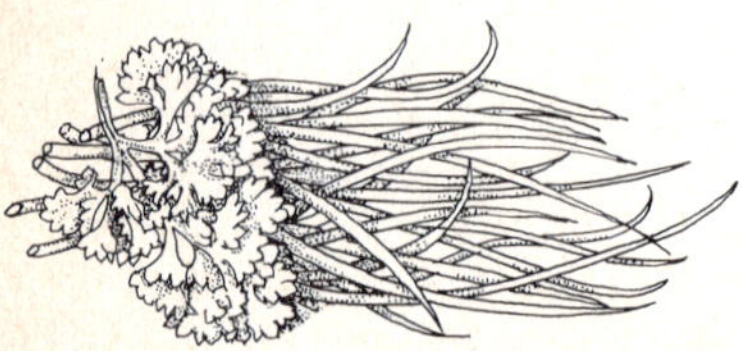

Minzesauce

Wenn Sie Ihre Minze selbst anbauen, werden Sie bald das Vergnügen haben, nicht mehr gutes Geld für eine teure Flasche Minzesauce zum Lammfleisch auf den Ladentisch legen zu müssen. Die Sauce läßt sich sehr leicht zubereiten.

Hacken Sie so viel Minze fein, daß $^1/_4$ Tasse voll wird. Gießen Sie Wein- oder Malzessig zu, bis die Tasse $^3/_4$ voll ist. Rühren Sie 1 EL Zucker hinein. Etwa 30 Minuten stehen lassen, damit sich das Aroma entwickeln kann.

Erdnuß-Thymian-Pastetchen

Selbst Leute, die Erdnüsse in Speisen ablehnen, essen diese Pastetchen gern, da es höchst unwahrscheinlich ist, daß sie die Zutaten erkennen. Reichen Sie zu den Pastetchen einen Salat aus geriebenen rohen Möhren mit Vinaigrette und gehackter Minze.

90 g Erdnüsse, geröstet oder roh
240 g Zwiebeln
4 EL Öl
120 g geröstete Semmelbrösel
4 TL getrockneter Thymian (doppelt so viel, wenn frisch)
1/3 l Fleischbrühe
2 Eier
Pfeffer und Mehl

Hacken Sie die Zwiebeln fein und dünsten Sie sie im Öl an. Den Deckel auf die Pfanne legen. Sobald die Zwiebeln weich sind, fügen Sie die feingemahlenen Erdnüsse, Thymian, Semmelbrösel, Pfeffer und Fleischbrühe hinzu. Zudecken und unter häufigem Umrühren 5 bis 10 Minuten garen. Die Eier schlagen und in die Mischung rühren. Sobald die Mischung abgekühlt ist, formen Sie daraus zwölf Pastetchen, die Sie auf beiden Seiten bemehlen. Mindestens 5 Minuten in heißem Fett knusprig und braun braten.

Fischsteaks mit Fenchel
4 weiße Fischsteaks (je etwa 250 g)
1/2 l Milch
1 EL Mehl
1 EL Fenchelsamen
Salz und Pfeffer

Erwärmen Sie den größten Teil der Milch mit den Fenchelsamen. Vermischen Sie das Mehl mit 2 EL Milch in einer Tasse zu einer dünnen Paste. Zur Milch in den Topf geben und bei geringer Hitze rühren, bis die Mischung dick wird. Salz und Pfeffer nach Geschmack hinzufügen. Legen Sie die Steaks nebeneinander in eine flache, hitzebeständige Form. Gießen Sie die Sauce darüber. Butterflöckchen auf die Oberfläche legen. Im Ofen bei 190 °C 20 bis 30 Minuten backen. Prüfen Sie den Fisch mit einer Gabel: Er ist gar, sobald er sich leicht von den Gräten lösen läßt.

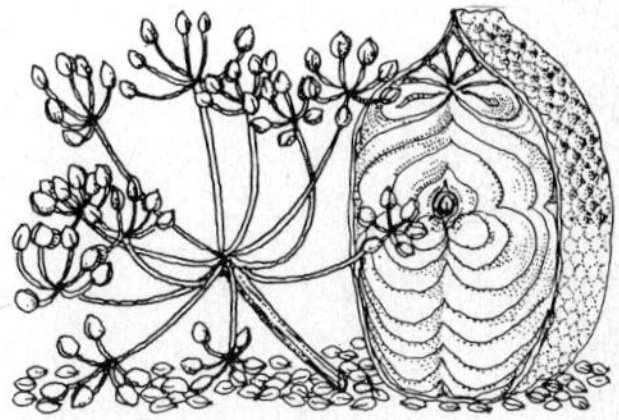

Rindfleisch-Gulasch
1 kg Rinderschmorbraten
2 mittelgroße Zwiebeln
6 Knoblauchzehen
6 TL Paprika
1/2 l Fleischbrühe
6 Blätter vom Zitronenstrauch (oder die Schale von 1/2 Zitrone)
360 g in Stücke geschnittene Kartoffeln
120 g Sahne (1/8l)
1 EL Mehl
1 Lorbeerblatt

Das Fleisch in Würfel schneiden und im Mehl wenden. Die gehackten Zwiebeln in einem großen Topf in ein wenig Öl anbraten. Gehackten Knoblauch, Paprika, Fleisch, Fleischbrühe, Zitronenstrauchblätter und Lorbeerblatt hinzufügen. Lassen Sie das Ganze bei geringster Hitze mit einem gut schließenden Deckel schmoren. Nach 40 Minuten die zerschnittenen Kartoffeln zugeben. Zehn Minuten danach die Sahne. Rühren Sie um, bis die vermischte Flüssigkeit dick wird.

Currypulver
1 EL gemahlener Kreuzkümmel
1 EL gemahlene Gelbwurzel
2 EL gemahlener Koriander
1 TL gemahlener Bockshornklee
6 Kardamomkapseln voller Samen
1 TL Garam Masala
1 TL gemahlene Chilischote
1 TL gemahlener Ingwer
1 DL schwarze Pfefferkörner
1 EL Senfkörner

Sie können das Currypulver im Mörser zerstoßen oder die Gewürze in einen Kunststoffbeutel geben und mit dem Nudelholz zerkleinern. Eine elektrische Kaffeemühle ist ebenfalls geeignet. Bereiten Sie Pulver für mehrere Mahlzeiten zu und lagern Sie es in einem luftdichten Glas.

Hammel-Curry
1 kg gekochtes Hammelfleisch oder ein anderer Fleischrest, in kleine Stücke geschnitten
125 g Zwiebeln
1 Kochapfel
1 EL dunkler Sirup
60 g Sultaninen
1 Knoblauchzehe
Salz
1 EL Currypulver
1/4 l Fleischbrühe

Braten Sie gehackte Zwiebeln und Knoblauch in ein wenig Fett an. Gehackten Apfel und Currypulver hinzufügen. Unter Umrühren ein paar Minuten schmoren. Fügen Sie alle übrigen Zutaten hinzu und bringen Sie das Ganze fast zum Kochen. Den Deckel auflegen und mindestens eine Stunde auf sehr geringer Hitze lassen. Mit gekochtem Reis servieren und mit geriebener Kokosnuß und Gurkenscheiben garnieren. Stellen Sie eine Schüssel mit Limetten- oder Mangochutney auf den Tisch.

Rechte Abb.:
Avocados mit Estragonmayonnaise, Bananen mit Ingwer und die Zutaten für Indisches Kedgeree.

Huhn mit Knoblauch

Huhn, ca. 2 bis 3 kg
2 Lorbeerblätter
2 TL Thymian
Eine Handvoll feingehackte Petersilie
6 feingehackte Salbeiblätter (oder 1 TL getrockneter Salbei)
1 TL Fenchelsamen
30 Knoblauchzehen (etwa 3 Knoblauchzwiebeln)
120 g Olivenöl
Gewürze

Füllen Sie Lorbeerblätter, Thymian, Petersilie und Salbei in das Huhn. Bräunen Sie es in dem Öl in einer Bratpfanne. Legen Sie Knoblauch und Fenchel auf den Boden einer schweren Kasserolle mit fest schließendem Deckel. Das Huhn auf das Bett aus Knoblauch legen. Die Haut mit Salz und Pfeffer einreiben. Den Deckel auflegen und 1 1/2 Stunden bei 180 °C im Ofen lassen. Man ißt den Knoblauch zu dem Huhn.

Gebratene Äpfel mit Gewürzen

750 g feste Tafeläpfel
4 EL weicher brauner Zucker
60 g Butter
1/2 TL gemahlener Ingwer
1/2 TL Zimt
1 TL geriebene Muskatnuß
4 Gewürznelken

Zerlassen Sie die Butter bei schwacher Hitze. Fügen Sie die ganzen ungeschälten Äpfel, Gewürze und Zucker hinzu. Zudecken und 20 bis 25 Minuten schmoren lassen. Wenden Sie die Äpfel gelegentlich, damit sie rundum mit Zucker und Butter überzogen sind. Die Äpfel sollten nicht völlig weich sein. Entfernen Sie die Gewürznelken vor dem Servieren. Dieses Gericht schmeckt kalt genauso gut.

Reispudding mit Zitronen-Pelargonie

2 EL Milchreis
1/4 l Milch
2 1/2 EL Zucker
1 EL Honig
2 Zitronen-Pelargonienblätter

Waschen Sie den Reis und geben Sie ihn in eine hitzebeständige Form. Die Milch langsam erhitzen und Honig und Zucker darin auflösen, dann über den Reis gießen. Die beiden Blätter zufügen. Zwei Stunden bei 150 °C backen oder 1

Stunde auf einem unteren Rost bei 180 bis 190 °C, wenn die Mitte des Backofens vom Hauptgericht eingenommen wird. Entfernen Sie die Blätter vor dem Servieren. Ein Lorbeerblatt kann anstatt der Pelargonienblätter verwendet werden. Man kann auch einen Eßlöffel Trockenfrüchte zufügen.

Bananen mit Ingwer

4 Bananen
1/2 Zitrone
1 EL feingehackter Ingwer
120 g bittere Schokolade
2 EL weißer Zucker
1/8 l Sahne (nach Belieben)

Die Bananen in Scheiben schneiden und auf den Boden einer Servierschüssel legen. Die Zitrone auspressen und den Saft über die Bananen gießen. Den Ingwer untermischen. Den Zucker darüberstreuen. Reiben Sie die Schokolade und bedecken Sie die anderen Zutaten mit einer gleichmäßigen Schicht, so daß nur die Schokolade zu sehen ist. Lassen Sie die Bananen mindestens zwei Stunden oder bis zum nächsten Tag im Kühlschrank. Nehmen Sie sie 30 Minuten vor dem Servieren heraus. Um die Speise noch dekorativer zu machen, können Sie sie kurz vor dem Servieren mit Schlagsahne und kandierter Engelwurz verzieren.

Walnuß-Petersilie-Soufflée

250 g gehackte Zwiebeln
5/8 l Milch
90 g Butter
75 g Mehl
Salz und Pfeffer
5 getrennte Eier
120 g gehackte Walnüsse (halb sehr fein, halb in Stückchen)
4 EL gehackte Petersilie

Die Zwiebeln in ein wenig Milch kochen. In einem anderen Topf die Butter zerlassen. Das Mehl zufügen und vermischen. Sehr langsam und unter ständigem Rühren die restliche Milch zugießen. Nehmen Sie die Sauce von der Kochstelle, sobald sie dick wird. Die Eigelbe schlagen und zur lauwarmen Sauce geben. Zwiebeln, Milch und Sauce, Nüsse und Petersilie in eine Soufflééform füllen. (Jede einigermaßen tiefe, hitzebeständige Form ist geeignet.) Die Eiweiße sehr steif schlafen und so schnell wie möglich unter die Mischung heben. Im vorgeheizten Backofen bei 190 °C etwa 40 Minuten backen. Die Gäste sollten mit erhobener Gabel am Tisch warten.

Indisches Kedgeree oder Gewürzreis

90 g Zwiebeln
Öl
8 Pfefferkörner
8 Pimentkörner
4 Kardamomkapseln
6 Köpfchen aus den Knospenstielen von Gewürznelken
2 zerkleinerte Lorbeerblätter
1 1/2 EL gehackter Ingwer
150 g Patnareis
120 g grüne Linsen
3/4 l Wasser
Salz
2 EL Mangochutney oder ein anderer scharfer Chutney

Die Gewürze im Mörser zusammen zerstoßen. Wenn Sie keinen Mörser haben, geben Sie sie statt dessen in einen Kunststoffbeutel und rollen Sie mit dem Nudelholz darüber. Reis und Linsen waschen und abtropfen lassen. Die Zwiebel mit ein wenig Öl in einem großen Topf anbraten. Die zerstoßenen Gewürze und die zerkleinerten Lorbeerblätter zufügen, dann auch alle übrigen Zutaten bis auf den Chutney. Zum Kochen bringen, fest zudecken und auf sehr schwache Hitze herabschalten. Dreißig Minuten kochen lassen. Alle 5 Minuten den Deckel rasch abheben und umrühren, damit nichts ansetzt. Den Deckel wieder aufsetzen, bevor zu viel Dampf entweicht. Zum Schluß den Chutney hinzufügen und ein paar weitere Minuten ziehen lassen. Nun sollte alle Flüssigkeit aufgesogen sein. Der Reis sollte gar und die Linsen sollten noch ein wenig beißfest sein. Ein gehäufter Teelöffel gemahlener Ingwer kann den frischen Ingwer ersetzen. Garnieren Sie mit gehackter Brunnenkresse oder servieren Sie mit Bananen- und Gurkenscheiben.

Tomatensalat mit Basilikum

Für diesen Salat müssen Sie unbedingt frische grüne Basilikumblätter haben.

500 g feste Tomaten (vorzugsweise große Fleischtomaten)
Etwa 30 Basilikumblätter
2 EL Salatöl
1 DL Zitronensaft
Salz und Pfeffer
1 Knoblauchzehe

Schneiden Sie die Tomaten in dünne Scheiben. Legen Sie sie in eine Schüssel, die Sie mit einer Knoblauchzehe ausgerieben haben. Zerpflücken oder zerreißen Sie das Basilikum. (Man sagt, Basilikum dürfe niemals mit einem Messer zerschnitten werden.) Verteilen Sie das Kraut gleichmäßig zwischen den Tomaten. Den Salat mit Öl, Zitronensaft, Salz und Pfeffer anmachen. Ohne Beilagen oder mit kaltem Fleisch oder einem Omelett servieren. Es wäre schade um den Salat, wenn Sie ihn zu einem stark gewürzten Gericht reichten.

Rechte Abb.:
Linsensuppe mit Rosmarin, Huhn mit Knoblauch und Tomatensalat mit Basilikum.

Kräuteröle und Getränke

Wenn man die Blätter von Kräutern behandelt, als seien sie Tee, kann man viele köstliche warme und kalte Getränke zubereiten. Die genauen Mengen sind Geschmackssache. Als ungefähre Richtlinie sollten Sie mit einem Teelöffel getrockneter Kräuter pro Tasse rechnen. Lassen Sie den Tee etwa fünf Minuten ziehen. Pflücken Sie nur die besten jungen Blätter, wenn Sie sie frisch verwenden wollen. Waschen, trocknen und hacken Sie sie sorgfältig unmittelbar vor der Zubereitung des Tees. Kräuter können auch Salatöl und Weinessig ein besonderes Aroma verleihen. Richten Sie sich nur einmal genau nach dem Rezept. Verändern Sie beim nächsten Mal die Menge des Krautes ganz nach Ihrem Geschmack oder mischen Sie es mit anderen.

Arabische Aphrodisiaka

Minzetee ist besonders erfrischend und seit Jahrhunderten im Nahen Osten beliebt. Bereiten Sie bei heißem Wetter einen starken Aufguß zu. Füllen Sie eine Kanne zur Hälfte mit frischer Minze und gießen Sie mit kochendem Wasser auf. Lösen Sie darin pro Person zwei Teelöffel Zukker auf. Gießen Sie den Tee nach zehn Minuten durch ein Sieb und stellen Sie ihn in den Kühlschrank, bis er völlig erkaltet ist. Servieren Sie ihn in Gläsern mit Eiswürfeln und lassen Sie Borretschblüten auf der Oberfläche schwimmen. Pfefferminze ergibt den wohlschmeckendsten Tee, aber auch alle anderen Minzen sind verwendbar.

Zitronenmelisse wird am besten heiß getrunken. Kurz vor dem Zubettgehen wirkt sie sehr entspannend. Sie läßt sich nicht gut trocknen, deshalb sollten Sie sie im Sommer, wenn sie kräftig gedeiht, häufig genießen. Ein arabisches Sprichwort sagt, sie mache das Herz munter und fröhlich. Wie die Minze wurde sie einst für ein Aphrodisiakum gehalten. Sie wird auch für Parfüm verwendet.

Ein weiterer guter Beruhigungstee kommt vom Zitronenstrauch. Frische und getrocknete Blätter sind gleich gut. Süßen Sie ihn mit Honig, der den Geschmack wunderbar zur Geltung bringt.

Medizinische Tees

Die bis hierher aufgeführten Tees sind so gut, daß man sie allein ihres Geschmacks wegen trinken kann. Es ist kaum von Bedeutung, ob Sie an die Wirkungen glauben, die ihnen die alten Pflanzenkundigen zuschrieben, oder nicht.

Kamillentee, aus den Blüten aufgegossen, ist ein sanftes Mittel zur Magenberuhigung. Er hat auch eine günstige Wirkung auf den Teint.

Heilziesttee, aus den Blättern zubereitet, lindert manchmal Kopfschmerzen.

Die Zubereitung von Löwenzahnkaffee

Löwenzahnkaffee ist aromatisch und koffeinfrei. Graben Sie große Pflanzen aus und schneiden Sie die Wurzeln ab.

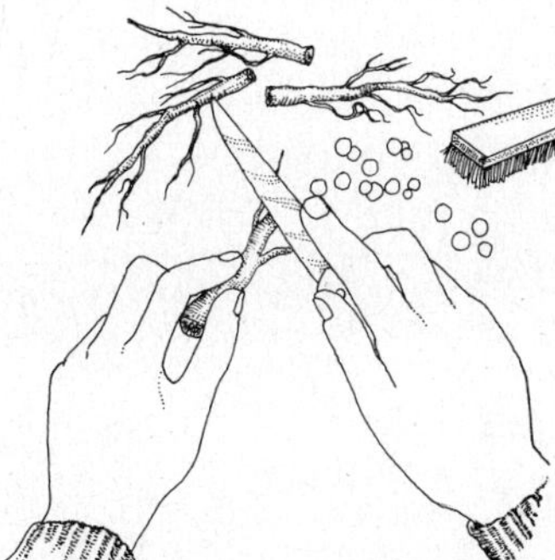

Verwenden Sie die Blätter für einen Salat. Schrubben Sie die Wurzeln und schneiden Sie sie klein. Breiten Sie sie auf einem sauberen Backblech aus.

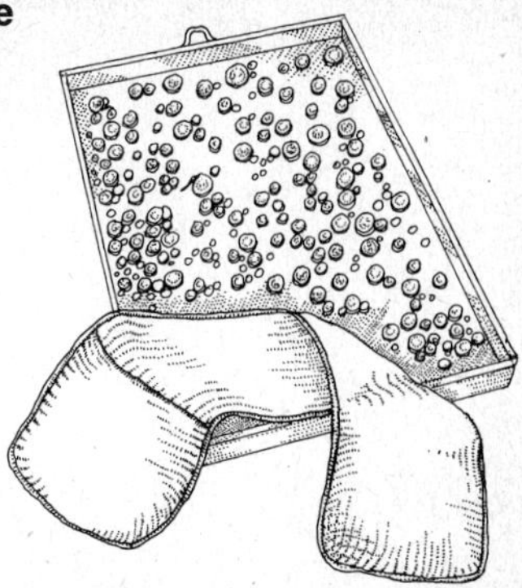

Schieben Sie das Blech in den auf 200 °C vorgeheizten Backofen. Rösten Sie die Löwenzahnwurzeln etwa 1 Stunde. Die Stückchen sollten dann braun und knusprig sein.

Mahlen Sie von Hand oder in der elektrischen Kaffeemühle. Geben Sie 4 DL Kaffee in eine gewärmte Kanne. Brühen Sie mit einem halben Liter kochendem Wasser auf.

Wilde Kräuter und ihre Verwendung

1. Der **Zwergholunder** *bevorzugt Schatten und blüht im Sommer. Gekocht essen. Ein aufdringliches Unkraut im Garten.*

2. Die **Rote Taubnessel** *kann das ganze Jahr hindurch blühen. Sie ist wohlschmeckend als gekochtes Gemüse und gedeiht auf kultiviertem Boden.*

3. Der **Gute Heinrich** *ist ein Verwandter der Fetthenne, doch sind die Blütenähren blattlos. Man findet ihn von Mai bis August.*

4. Die **Vogelmiere** *blüht das ganze Jahr hindurch an ungeschützten Orten und Gärten. Sie schmeckt roh und gekocht gut und kann zum Baden müder Augen verwendet werden.*

5. Die **Fetthenne** blüht von Juni bis in den Spätherbst. Man findet sie oft auf Ödland. Sie ist ein empfehlenswertes, vitaminreiches Kochgemüse.

6. Der **Breitwegerich** ist außerordentlich widerstandsfähig und ausdauernd. Man ißt ihn roh in Salaten oder gekocht. Er wächst auf Rasen und festgetretenem Boden.

7. Der **Meerrettich** blüht von Mai bis August auf feuchtem Ödland. Wegen des scharfen Aromas seiner Wurzel wird er auch angebaut.

8. Das **Silbrige Fingerkraut** blüht im Mai an feuchten Orten. Vor der Einführung der Kartoffel dienten die Wurzeln häufig als Nahrung.

Die meisten der gewöhnlichen Unkräuter, die Gärtnern so viel Kummer und Rückenschmerzen verursachen, wurden einst als wohlschmeckende Nahrungsmittel oder wertvolle Arzneien angesehen. Löwenzahn, Brennesseln und Vogelmiere haben alle ihren Verwendungszweck. Wenn Sie keinen Garten haben, oder wenn Ihr Garten ein unkrautfreies Paradies ist, sammeln Sie sie auf dem Lande. Pflücken Sie sie möglichst nicht am staubigen, verschmutzten Straßenrand. Meiden Sie Orte, die mit Insektiziden oder chemischen Unkrautvertilgungsmitteln besprüht worden sind. Sie sollten keine Pflanzen ausgraben, es sei denn, auf Ihrem eigenen Grund und Boden, da dies gesetzlich verboten ist. Bringen Sie die Pflanzen auch nicht zum Absterben, indem Sie sie aller Blätter berauben.

Kochen mit wilden Kräutern

Was könnte befriedigender sein, als Unkraut in eine Mahlzeit zu verwandeln? Vor allem, da Sie weder Geld für die Samen ausgeben noch sich Mühe mit den Pflanzen geben mußten. Ein Rezept für Löwenzahnkaffee steht auf Seite 91. Die jungen Blätter schmecken gut in einem Salat. Mischen Sie sie mit kleingeschnittenem Weißkohl oder Chinakohl, die sich kontrastreich von dem dunklen Grün des Löwenzahns abheben. Außerdem enthalten sie reichliche Mengen Vitamin C.

Düngen Sie die Pflanzen, und sie werden zur Größe von Gartengemüse heranwachsen. Samenhandlungen führen heute Riesensorten, die wie Chicoree gebleicht werden.

Unkraut-Gerichte

Die Brennessel ist ein gewöhnliches Unkraut. Schimpfen Sie nicht, essen Sie sie lieber. Servieren Sie sie gekocht, oder machen Sie Bier und Wein daraus. Culpeper sagte, ein Gebräu aus den Samen sei „ein Mittel gegen die Bisse toller Hunde“. Das ist nicht wahr, doch sind Nesseln voller Vitamine und Mineralien. Wenn Sie es ablehnen, sie zu essen, sollten Sie sie wenigstens zerkleinern und auf den Komposthaufen werfen, um Ihrem Boden all den nützlichen Stickstoff zukommen zu lassen. Viele andere Pflanzen können auf die gleiche Weise zubereitet werden wie die Brennessel. Die Rote Taubnessel schmeckt gekocht gut, ebenso Breitwegerich und Zwergholunder. Es ist bekannt, daß die Römer den Zwergholunder in Mengen verspeisten. Die Legionäre waren auch für die Verbreitung des Silbrigen Fingerkrauts verantwortlich, das sie in die Stiefel stopften, um ihren müden Füßen Erleichterung zu schaffen. Es hat eine wohlschmeckende Wurzel, die der Pastinka ein wenig ähnelt, doch findet man selten genug große Wurzeln, um eine ganze Mahlzeit daraus zubereiten zu können. Vogelmiere kann man kochen, sie schmeckt jedoch roh auf mit Marmite oder Erdnußbutter bestrichenen Sandwiches noch köstlicher. Fetthenne und Guter Heinrich waren einst zwei beliebte Gemüse. Fetthenne war unter

Die Zubereitung von Nesseln

1

Pflücken Sie die Nesseln mit Handschuhen. Sammeln Sie große Mengen der jungen gelbgrünen Blätter. Meiden Sie Stengel und altes dunkelgrünes Laub.

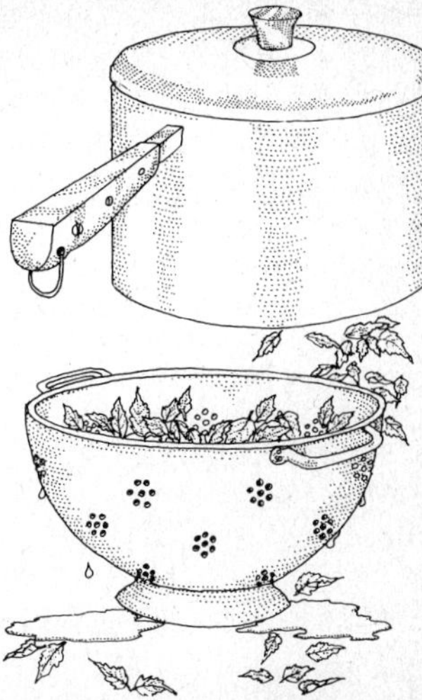

2

Waschen Sie die Blätter gründlich und lassen Sie sie fünf Minuten in einem Durchschlag abtropfen. Geben Sie sie in einen schweren Topf mit festschließendem Deckel.

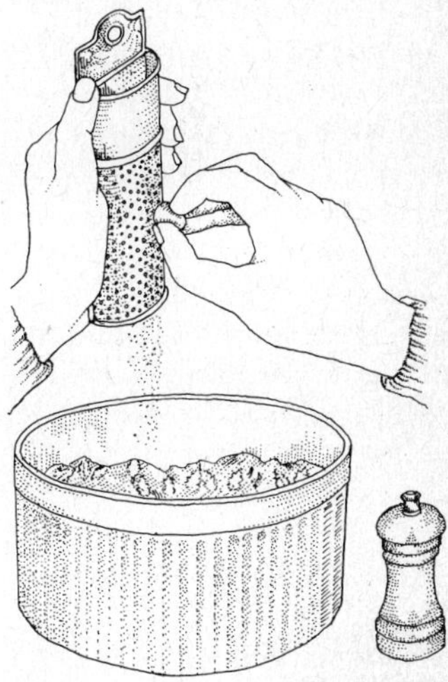

3

Kochen Sie die Nesseln 10 bis 15 Minuten auf geringer Hitze. Gießen Sie die Flüssigkeit ab und bewahren Sie sie für eine Suppe auf. Rühren Sie geriebene Muskatnuß, Butter, Salz und Pfeffer unter das Gemüse.

dem Namen ,,Melde" das Lieblingsgemüse der Angelsachsen und wurde im 16. Jahrhundert von dem aus Asien eingeführten Spinat verdrängt. Kochen Sie sie wie Nesseln oder bereiten Sie daraus eine Suppe mit Kartoffeln, Petersilie und Milch zu.

Senf gehört zur gleichen Familie wie Kohl und Rettich. Der Weiße Senf gedeiht hauptsächlich auf kalkhaltigem Boden. Man kann ihn als Salat verzehren, und zwar entweder allein oder mit Kresse. Die Blütezeit beginnt im Mai und dauert bis weit in den Herbst an.

Die Samen werden zusammen mit Schwarzem Senf und Gelbwurzel zu handelsüblichem Senfpulver verarbeitet. Es ist die Gelbwurzel, die ihm die kräftige gelbe Farbe verleiht. Weizenmehl und andere Gewürze werden hinzugefügt, um Konsistenz und Aroma zu verbessern.

Der Schwarze Senf wächst hoch auf Klippen, erscheint aber auch auf anderen feuchten, öden Flächen und an Wasserläufen. Die länglichen Samen beginnen im August zu reifen.

Man braucht eine ganze Menge Geduld, um so viel Samen zu sammeln, daß es sich lohnt, daraus eine Senfmischung herzustellen. Man kann jedoch ein paar der aromatischen Samen zerdrücken und an eine Käsesauce geben oder Geflügel und Fleisch vor dem Braten damit einreiben.

Der Geschmack der wilden Senfsamen ist nicht übermäßig scharf, dafür aber köstlich nußähnlich. Curries und andere orientalische Speisen gewinnen durch die Beigabe von Senfsamen, die auch Salatsaucen und hausgemachten Chutneys ein besonderes Aroma verleihen.

Würzen mit wilden Kräutern

Wilde Kräuter haben oft einen weniger kräftigen Geschmack als die Kulturformen, die im Laufe von Jahrtausenden selektiv gezogen worden sind. Im übrigen behandelt man sie genau wie Gartenkräuter. Trocknen Sie sie, wie auf Seite 66 beschrieben. Mehrere der nützlichsten Kräuter sind Doldengewächse, doch be-

vor Sie sie in der Wildnis sammeln, sollten Sie die Warnung auf Seite 34 beachten.
Wilder Kerbel (auch als Kälberkropf bekannt) ist viel niedriger als Gefleckter Schierling. Wenn Sie sicher sind, daß es sich um Wilden Kerbel handelt, geben Sie die Blätter gehackt an Salate und Eierspeisen.
Schneiden Sie eine gebackene Kartoffel der Länge nach durch. Holen Sie das Fleisch mit einem Löffel heraus und zerdrücken Sie es in einer Schüssel mit Sahne, Salz, Pfeffer, Kerbel und einem rohen Ei. Füllen Sie die Schalen damit und backen Sie sie weitere 10 bis 15 Minuten im heißen Ofen.
Blätter und Samen des Fenchels, eines weiteren Doldengewächses, verströmen einen Anisgeruch, wenn man sie zerreibt. Bereiten Sie einen Salat aus gewürfelter Gurke und in Scheiben geschnittenen festen Tafeläpfeln zu. Übergießen Sie ihn mit einer Sauce aus Öl, Zitronensaft, gehackten Fenchelblättern und Gewürzen.
Die wohlriechende Süßdolde hat ein zartes Aroma. Mit ihrem Meer von weißen Blüten hat sie einen Platz im Garten verdient. In der Wildnis findet man sie selten. Gerard verzehrte die Blätter in Salaten und die Wurzeln gekocht. Folgen Sie den beiden guten Beispielen. Dünsten Sie Rhabarber, Stachelbeeren und Pflaumen mit wohlriechender Süßdolde, und sie werden nur halb so viel Zukker benötigen wie gewöhnlich.

Meerrettich

Meerrettich läßt sich natürlich sehr leicht im Garten kultivieren. In einem kleinen Garten wächst er fast zu üppig, ausgenommen für diejenigen, deren Leibspeise die Sauce aus seinen wuchernden Wurzeln ist. Wenn Sie diese feurige Beilage zu Roastbeef lieben, können Sie Geld sparen, indem Sie sie selbst zubereiten.
Meerrettich kommt auf Ödland häufig vor. Graben Sie eine Wurzel aus und schrubben Sie sie gründlich. Fügen Sie zwei Eßlöffeln geriebener Wurzel einen Viertelliter Milch und drei Eßlöffel Semmelbrösel zu. Lassen Sie die Mischung 20 Minuten sanft kochen. Geben Sie einen Dessertlöffel Butter sowie Salz und Pfeffer zu. Servieren Sie kalt zu in Scheiben geschnittenem Fleisch. Wandeln Sie dieses Rezept mit ein wenig Senf und drei Teelöffeln Essig ab.

Potpourri und Parfümkugeln

Eine Potpourrischale in Ihrem Wohnzimmer wird Sie sogar mitten im Winter an den Duft Ihrer liebsten Sommerblumen erinnern. Eine einfache Parfümkugel läßt sich aus Gewürznelken und einer Orange herstellen. Sie hält sich jahrelang und füllt den Kleider- oder Wäscheschrank mit einem zarten, aber nicht übermächtigen Duft. Noch wirkungsvoller wird die Parfümkugel, wenn man sie in gemahlener Veilchenwurzel oder Benzoeharz wälzt. Beide sind traditionelle Fixative für Blütendüfte. Stellen Sie das Veilchenwurzelpulver selbst her aus den Wurzeln der Florentiner Schwertlilie. Graben Sie sie im Sommer aus, entfernen Sie die äußeren Schalen und lassen Sie sie in der Sonne trocknen. Bereits gemahlen ist die Veilchenwurzel in Kräuterhandlungen und einigen Drogerien erhältlich.

Zutaten für das Potpourri

1/2 l getrocknete Blüten und Blätter
1 DL Veilchenwurzel
1/2 DL Benzoeharz
1 EL gemahlene Gewürznelken
1 EL gemahlener Piment
1/2 Muskatnuß (gerieben)
Ein paar Tropfen Rosmarin-, Heliotrop- oder anderes Duftöl

Für ein Potpourri kann man jedes duftende Blatt, jede Blüte und Wur-

Eine Parfümkugel aus Gewürznelken und Orange

Drücken Sie Gewürznelken in eine Orange und lassen Sie auf der Haut Streifen für die Bänder frei. Binden Sie die Bänder sehr fest, da die Orange beim Trocknen schrumpft.

zel verwenden, die man bekommen kann. Veilchen, Nelken und Lavendel blühen zu verschiedenen Jahreszeiten. Beginnen Sie damit, Gläser mit weiter Öffnung und festschließendem Deckel zu sammeln. Pflücken Sie ihre Zutaten bei trockenem Wetter und befolgen Sie die Anweisungen für das Trocknen von Kräutern (Seite 66). Wenn die Blütenblätter trocken sind, bewahren Sie jede Sorte in einem eigenen Glas auf.

Stellen Sie Ihre Mischung her, wenn Sie genügend verschiedene Blütenblätter gesammelt haben. Vermischen Sie sie in einer großen Schüssel mit Veilchenwurzel, Benzoeharz und Gewürzen. Um die Mischung besonders kräftig zu machen, fügen Sie ein paar Tropfen konzentriertes Kräuteröl hinzu. Rosenpelargonien- und Patschuliöl sind in Kräuterhandlungen und einigen Parfümerien erhältlich. Geben Sie die Mischung in ein großes Glas. Schütteln Sie zwei Monate lang täglich. Füllen Sie um in Schalen oder Schachteln.

Mottenschutz
Nähen Sie ein 7,5 mal 7,5 cm großes Nesselsäckchen und füllen Sie es mit getrocknetem Lavendel, Melisse und Stabwurz. Mittels einer Schlinge an einer Ecke kann man es über den Haken eines Kleiderbügels streifen. Diese Kräuter halten Motten fern. Beziehen Sie die Säckchen mit Stoffresten und verwenden Sie sie als kleine Geschenke. Jede Potpourrimischung ist geeignet.
Thymian, Oregano und Rosmarin verleihen dem Duft eine warme Note. Getrocknete Zitronen- und Orangenschalen sind ebenfalls brauchbar. Auf die gleiche Weise kann man auch Duftkissen anfertigen, die man auf Sessel legt.

Kräuterkissen
Ein kleines duftendes Kissen kann die Pause in einem bequemen Sessel doppelt erfrischend machen. Füllen Sie eine Kissenhülle aus Nessel mit einer beliebigen Potpourrimischung. Nähen Sie aus festerem Stoff einen Überzug. Befestigen Sie ein lavendelgefülltes Kissen mit Dekorationsnadeln an der Rückenlehne eines Ohrensessels oder legen Sie es mit anderen Kissen auf ein Sofa oder eine Chaiselongue. Zitronenmelisse, Rosmarin und Zitronenminze haben einen angenehmen, für diesen Zweck geeigneten Duft.

Kräuterkosmetik

Viele billige und wirksame Schönheitspräparate lassen sich aus selbstgezogenen Kräutern herstellen. Grundlage für die meisten ist ein Aufguß. Geben Sie die Kräuter in einen Krug oder eine Teekanne und lassen Sie sie zehn Minuten oder länger in kochendem Wasser ziehen. Zwei oder drei frische Liebstökkelblätter ergeben ein stark reinigendes Bad. Hacken Sie die Blätter und gießen Sie sie mit einem halben Liter kochendem Wasser auf. Gießen Sie die abgeseihte Flüssigkeit in Ihr Bad. Geben Sie die Kräuter niemals direkt ins Badewasser. Es ist sehr lästig, Dutzende von klebrigen Blattstückchen von der Haut entfernen zu müssen.

Badezusätze
Es gibt keine Grenzen für die Vielfalt von Kräuterdüften, die Sie im Bad genießen können. Eine Mischung aus Thymian, Zitronenmelisse, Zitronenstrauch und Rosmarin wirkt sehr entspannend und sehr belebend.
Ein Teelöffel jedes dieser Kräuter, getrocknet und zerdrückt, färbt das Wasser zart hellgrün. Bei der Verwendung frischer Kräuter wird eine größere Menge benötigt, um den gleichen Duft zu erzeugen. Lavendelblüten, Lorbeerblätter, Ysop und Majoran zählen zu den vielen Küchenkräutern, die einen Versuch wert sind.

Kräuterbäder

Bereiten Sie sich ein reinigendes und erfrischendes Bad aus duftenden Kräutern. Geben Sie die getrockneten Kräuter in die Mitte eines viereckigen Stücks Nesselstoff.

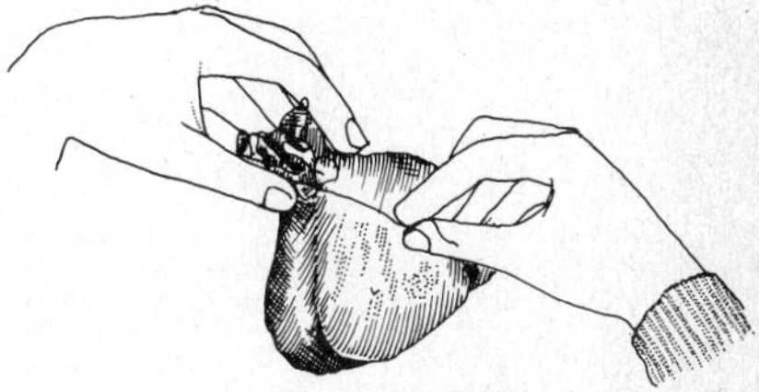

Falten Sie den Stoff zusammen und binden Sie ein Band oder einen Streifen Nessel um die zusammengefaßten Zipfel, so daß ein Säckchen entsteht.

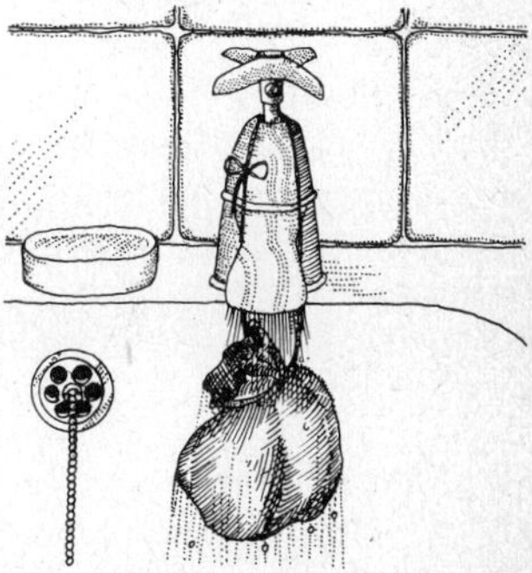

Hängen Sie das Kräutersäckchen unter den Heißwasserhahn und lassen Sie das Wasser hindurchlaufen. Das Nesselsäckchen kann ausgespült und wiederverwendet werden.

Glanz für das Haar

Wenn man bedenkt, wie viele Shampoos angeboten werden, die sich der in ihnen enthaltenen Kräuter rühmen, erscheint es sinnvoll, einmal ein selbstgemachtes Haarpflegepräparat auszuprobieren.

Experimentieren Sie, um festzustellen, was Ihrem Haar bekommt. Dunkelhaarige sollten Rosmarin oder Salbei verwenden. Rosmarin sorgt für Glanz, Salbei vertieft den natürlichen Farbton.

Efeuöl

Ein Einreibemittel für steife Muskeln. Erhitzen Sie einen Liter Pflanzenöl auf 40 °C.

Füllen Sie das Öl und drei TL gehackte Efeublätter in ein Glas und stellen Sie es an einen warmen Ort. Täglich schütteln.

Gießen Sie das Öl nach etwa vierzehn Tagen durch ein Sieb. Reiben Sie die Muskeln nach einem Bad mit dem Efeuöl ein.

Lassen Sie einen Eßlöffel eines dieser Kräuter in einem halben Liter kochendem Wasser ziehen. Waschen Sie die Haare zuerst mit Ihrem gewöhnlichem Shampoo. Spülen Sie gründlich. Verwenden Sie das Kräuterpräparat für die letzte Spülung.
Für blondes Haar nehmen Sie Kamille. Brühen sie eine halbe Tasse getrocknete Blüten mit einem Liter kochendem Wasser auf. Abkühlen lassen. Waschen Sie die Haare. Spülen Sie mehrmals mit dem Kräuteraufguß und lassen Sie ihn zehn Minuten im Haar. Spülen sie mit klarem Waser aus.
Nesselblätter regen angeblich den Haarwuchs an, wenn man die gleichen Anweisungen befolgt.

Von Kopf bis Fuß

Es gibt viele traditionelle Gesichtsbehandlungen, die auf Kräutern beruhen. Es wird behauptet, eine tägliche Waschung mit Holunderblütenwasser lasse Sommersprossen und Falten verschwinden. Mit Sicherheit macht sie die Haut weicher. Salbei ist ein weiteres wirksames Reinigungsmittel. Doch eine wirklich fettige Haut profitiert von einer Waschung mit Schafgarbenwasser. *Achillea millefolium*, die Gemeine Schafgarbe, ist die Pflanze, die Sie brauchen. Pflücken Sie sie wild oder kaufen Sie sie getrocknet beim Kräuterhändler. Machen Sie einen starken Aufguß. Er ist ein gutes Mittel gegen Mitesser und macht die Haut wunderbar frisch.
Für eine einfache Gesichtspackung nehmen Sie zwei Eßlöffel Fenchel-

samen. Geben Sie sie in eine Tasse und bedecken Sie sie mit kochendem Wasser. Zehn Minuten ziehen lassen. Schlagen Sie drei Eßlöffel flüssigen Honig in einen Becher einfachen Joghurt. Gießen Sie das Fenchelwasser durch ein Sieb zum Joghurt und rühren Sie um. Streichen Sie die Mischung auf das Gesicht und lassen Sie die Augen frei. Lassen Sie die Packung zwanzig Minuten einwirken und bewegen Sie die Gesichtsmuskeln so wenig wie möglich. Abspülen.

Ein Bad für müde Füße

Baden Sie Ihre Füße in Nesselwasser. Verwenden Sie das Kraut getrocknet, da das Sammeln frischer Nesseln Ihre Füße noch müder machen würde. Brühen Sie eine Tasse Nesseln mit einer Kanne heißem Wasser auf. Sieben Sie nach zehn Minuten durch in eine große Schüssel oder eine Fußbadewanne. Füllen Sie bis zu den Knöcheln mit heißem Wasser auf. Setzen Sie sich auf einen bequemen Stuhl und lassen Sie die Füße bis zu zehn Minuten darin. Ringelblumenblätter sind ein weiteres Mittel gegen müde Füße.

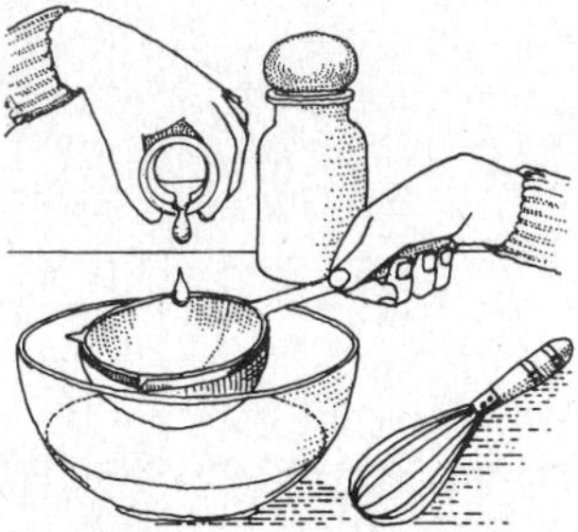

Kräuter-Cold-Creme

Besonders geeignet sind Majoran, Salbei oder Zitronenstrauch. Das Kraut gründlich zerstampfen und

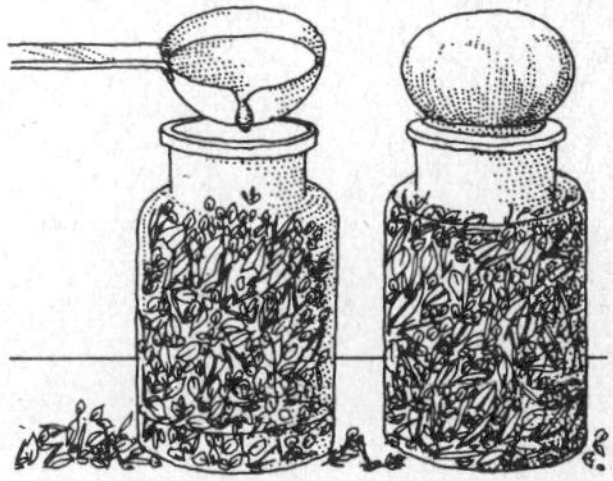

in ein Glas mit weiter Öffnung schichten. Etwa drei Wochen in Pflanzenöl ziehen lassen. Absieben und frische Kräuter hinzufügen, bis das Öl einen starken Geruch hat. Ein paar Tropfen des gesiebten Öles mit einer unparfümierten Cold Creme gründlich mischen.

ABC der Kräuter

Die folgende Aufstellung enthält die häufigsten Arten, die wild oder in Kultur zu finden sind, sowie einige der exotischeren Kräuter, die es meist nur in Geschäften zu kaufen gibt.
Oft werden die medizinischen Eigenschaften der Kräuter übertrieben und weitschweifig dargestellt. Von einigen Kräutern könnte man sogar annehmen, sie seien Allheilmittel. Aus diesem Grund wird hier versucht, die wichtigsten medizinischen Eigenschaften, die den Pflanzen in der Vergangenheit zugeschrieben wurden, anzugeben und einige moderne Anwendungszwecke, sofern sie medizinisch vertretbar sind. Wenn ein Kraut auf irgendeine Weise gefährlich wirkt, so wird darauf hingewiesen. Die Liste kann nur eine kleine Auswahl aus der riesigen Zahl der Pflanzen sein, die zu den Kräutern zählen. Eine weiterführende Lektüre wird zur Entdeckung weiterer Pflanzen mit interessanten Eigenschaften führen.

Ackergauchheil *(Anagallis arvensis)* Stengel kriechen bis zu 30 cm weit über den Boden; sternförmige rote Blüten. Ovale, oben blaugrüne, unten braune oder schwarze Blätter. Kommt besonders häufig auf Lehmboden vor.
Medizinische Bedeutung: Soll schweißtreibend und anregend auf die Nierentätigkeit wirken und das zentrale Nervensystem und Gehirn beeinflussen. Gefährlich!

Ackerschachtelhalm *(Equisetum arvense)* Fleischfarbene Stengel mit sporentragender „Ähre". Sommertrieb erscheint später mit Quirlen kleiner Äste. Gedeiht wild auf feuchtem Lehm- oder Sandboden.
In der Medizin wurde das Kraut einst als wirksam gegen Lungenkrankheiten betrachtet; der Gehalt an Kieselsäure festigte angeblich das Narbengewebe. Tee als Waschung für Wunden. Große Dosen sind giftig!

Acker- oder **Feldstiefmütterchen** *(Viola tricolor)* 30 bis 50 cm. Einzelne gelbe, blaue, violette oder zweifarbige Blüten. Eckiger, weicher, hohler Stengel mit wechselständigen, gezähnten Blättern. Wird in großem Umfang in Gärten kultiviert, kommt aber auch auf Feldern und am Waldrand vor.
Wurde in Kräutertees zur Linderung von Katarrhen und zur Behandlung von Rheumatismus angewendet. Starke Dosen können zu Hautreizungen führen.

Ackerstiefmütterchen

Alant, Echter *(Inula helenium)* 1 bis 2 m. Große gelbe Blüten; olivgrüne Blätter; kräftiger, runder, rauher Stengel; faserige, innen braun-weiße Wurzel. Kommt in vielen Gegenden wild vor, wird manchmal kultiviert.
Die Wurzel wurde medizinisch zur Hustenlinderung und bei Zuckerkrankheit angewendet. In Kräutertees zur Behandlung der Gallenblase enthalten. Wird als Mundwasser bei wundem Zahnfleisch benutzt. Destilliertes Öl wird in der Parfümindustrie verwendet.

Aloe, Echte *(Aloe vera)* 1 bis 1,50 m. Gelbe bis purpurne, hängende Blüten; lange, schmale weißlich-grüne Blätter mit stacheligen Zähnen; kräftige, faserige Wurzel. Gedeiht in Ost- und Südafrika und auf den Westindischen Inseln.
Medizinische Anwendung der Blätter als Pulver oder Saft. „Aloe“ ist der eingedickte Blattsaft, wird als Abführmittel verwendet.

Alraunwurzel *(Mandragora officinarum)* Glockenförmige Blüten an kurzen Stielen; ovale Blätter, die aufrecht wachsen, dann aber flach am Boden liegen. Große braune Wurzel, die 1 bis 1,50 m tief in den Boden dringt. Die Frucht ist eine große, fleischige gelborange Beere. Weit verbreitet in den Ländern um das Mittelmeer.
Medizinische Anwendung heute bei der Behandlung von Asthma und Husten. Ist jedoch giftig. Wurde einst als Betäubungsmittel benutzt und hatte gelegentlich tödliche Wirkung.

Andorn, Gemeiner *(Marrubium vulgare)* 30 bis 100 cm. Kleine weiße, zweilippige Blüten, runzelige Blätter; zahlreiche buschige, viereckige, behaarte Stengel. Auf Ödland anzutreffen.
Wurde in der Medizin als Mittel gegen Husten und Bronchialleiden verwendet. Tee oder zerdrückte Blätter bei hartnäkkigen Hautproblemen.

Anis *(Pimpinella anisum)* 30 bis 45 cm. Kleine weiße Blüten in zusammengesetzten Dolden; herzförmige Blätter; runder, gefurchter, verzweigter Stengel. Blütezeit Juli und August, Früchte reifen im September. Kommt wild vor, kann jedoch aus Samen angezogen werden.
Das Öl der Früchte wird als Mittel zur Anregung der Drüsensekretion und für viele andere Zwecke verwendet.
Die ganze Pflanze enthält ein duftendes ätherisches Öl, das zur Aromatisierung verwendet wird.

Apfelsine siehe Orange

Arnika oder **Bergwohlverleih** *(Arnica montana)* 30 bis 70 cm. Gelbe, gänseblümchenähnliche Blütenköpfchen im Juni-August; die Blütenblätter sind an der Spitze gekerbt. Schwach behaarte, leicht verzweigte Stengel; waagerechte, dunkelbraune Wurzel. Gedeiht in den Gebirgen Europas.
Verwendung einst zur Beschleunigung der Heilung; gelegentlich als Herzmittel.
Gefährlich bei unverdünnter Einnahme.

Augentrost, Aufrechter *(Euphrasia officinalis)* 30 cm. Purpurne und weiße Blüten; viereckiger, belaubter Stengel. Sehr häufig auf Weideland und anderen grasigen Gebieten.
Medizinisch verwendet wird ein schwacher Aufguß aus der frischen Pflanze bei Augeninfektionen; wurde als Tee bei Erkrankungen der Gallenblase angewendet.

Baldrian *(Valeriana officinalis)* 100 bis

150 cm. Zahlreiche kleine blaßrosa Blüten in Trugdolden; gezähnte Blättchen; meist unverzweigt, teilweise behaart. Der Wurzelstock sieht aus wie ein Haupt voller Haare.
In der Medizin wird die Wurzel zur Bekämpfung von Schlaflosigkeit verwendet, führt aber zur Sucht und sollte nicht ohne ärztlichen Rat genommen werden.

Basilikum *(Ocimum basilicum)* 1 m. Weißliche Blüten, die mit kleinen hellgrünen Blättern in Scheinquirlen um den ekkigen Stengel stehen. Größere Blätter unten graugrün, weich und kühl. Kann in gemäßigtem Klima im Freien kultiviert werden, ist jedoch kälteempfindlich, da es aus Indien stammt. In der Küche Verwendung der Blätter, die besonders aromatisch sind. Pfefferiges Aroma, wenn mit Petersilie und Bohnenkraut gemischt.
Medizinisch einst verwendet bei Verdauungsbeschwerden sowie äußerlich als Heilmittel in Kompressen und Bädern.

Beifuß, Gemeiner, siehe Wermut, Wilder

Beinwell siehe Schwarzwurz

Berberitze siehe Sauerdorn

Bergminze, Echte *(Satureja calamintha)* 30 cm. Kleine blaßblaue Blüten im Juli; gestielte, eiförmige, leicht gesägte Blätter; eckige, behaarte, holzige Stengel; starker Duft.
Medizinische Anwendung der ganzen Pflanze als schleimlösendes und schweißtreibendes Mittel.

Bergwohlverleih siehe Arnika

Betel- oder **Pinangpalme** *(Areca catechu)* Eine Palme, die aus Sri Lanka und Malaysia stammt und in anderen Teilen der Tropen angebaut wird. Das Kauen der Früchte, der sogenannten Betelnüsse, wirkt milde stimulierend; nach einer Schätzung sind über 200 Millionen Menschen danach süchtig.

Betonie siehe Heilziest

Bilsenkraut, Schwarzes *(Hyoscyamus niger)* 30 bis 70 cm. Schmutziggelbe oder beige Blüten mit purpurnen Adern; behaarte Blätter und klebriger Stengel. Hat einen unangenehmen Geruch. Kommt auf Ödland, vor allem auf Kalk, vor. Wird seit langer Zeit für medizinische Zwecke kultiviert.
Medizinische Anwendung des Öls der Blätter als Mittel gegen Ohrenschmerzen und Rheumatismus, aber nur unter ärztlicher Aufsicht. Die ganze Pflanze ist giftig.

Bockshornklee *(Trigonella foenum-graecum)* (Griechisch-Heu) Gelbliche Blüten; runder, kaum verzweigter Stengel; die Samen sind in einer Hülse enthalten. Mitglied der Familie der Schmetterlingsblütler. Kommt an trockenen, sandigen Orten vor.
In der Küche Verwendung der Samen als Würze und in der Kochkunst allgemein.
Medizinische Anwendung als Tonikum und bei Bronchitis und Tuberkulose.

Bohnenkraut *(Satureja hortensis),* **Winter-Bohnenkraut** *(Satureja montana)* Die erste Art ist eine 30 cm hohe, buschige Pflanze mit spärlichen Blättern; die aufrechten, behaarten Stengel sind viereckig und an der Basis holzig. Schmale dunkelgrüne Blätter; lila, rosa oder weißliche Blüten. Die ganze Pflanze wirkt leicht purpurn. Winter-Bohnenkraut ist ein 15 bis 40 cm hoher, fülliger Halb-

strauch von ähnlichem Aussehen, jedoch mit seidiger Rinde und graugrünen Blättern. Beide kommen im Mittelmeerraum wild vor, in Deutschland jedoch gewöhnlich nur das Winter-Bohnenkraut. In Kultur bevorzugt das Bohnenkraut nährstoffreichen Boden, das Winter-Bohnenkraut dagegen nährstoffarmen und kalkhaltigen.
In der Küche werden beide bei einer Vielfalt von Speisen verwendet und sie verdienen es, daß man mit ihnen experimentiert. Das Winter-Bohnenkraut ist etwas kräftiger.
In der Medizin wurden sie als Tee bei Verdauungsbeschwerden und als Mundwasser bei Halsentzündung verwendet.

Borretsch, Gurkenkraut *(Borrago officinalis)* Bis zu 70 cm. Blaue oder purpurne, sternförmige Blüten; Blätter graugrün und rauh, oval oder länglich; hohler, rauher, verzweigter Stengel. Anzucht aus Samen März/April in gut dränierter, sonniger Lage. Wächst üppig.
In der Küche Verwendung der Blätter auf Butterbrot, gelegentlich wie Spinat, verbessert Kohlgerichte und verleiht Getränken Kühle.
Medizinische Anwendung als Stimulans, gegen Depressionen und allgemein als erfrischendes Kühlmittel.

Brechnuß, Strychninbaum *(Strychnos nux-vomica)* Aus den Früchten dieses Strauches, der in Indien und Südost-Asien gedeiht, wird das Strychnin gewonnen.
Medizinische Anwendung in geringen Dosen zur Erhöhung der Reaktionsfähigkeit; Überdosis führt jedoch zu unkontrollierbaren Krämpfen, die tödlich sind, sofern sie nicht behandelt werden. Giftig!

Brennessel *(Urtica dioica, U. urens)* Die erste ist die Große Brennessel, die zweite ist kleiner und grüner. Beide haben herzförmige Blätter. Sehr häufige Pflanzen, die kaum kultiviert zu werden brauchen.
In der Küche Verwendung junger Triebe, die köstlich schmecken, wenn man sie wie Spinat zubereitet.
Medizinische Anwendung des frischen Saftes soll angeblich die Verdauung anregen und die Milchbildung beschleunigen. Ältere Blätter niemals ungekocht essen, da sie Nierenschäden bewirken können.

Brombeere *(Rubus fruticosus)* Bekannte Pflanze mit weißen Blüten und feinbehaarten Blättern. Wächst an Waldrändern, Äckern, Lichtungen usw.
Nach der Überlieferung wurden die Blätter gegen Zahnfleischbluten und Durchfall gekaut.

Brunnenkresse *(Rorippa nasturtium-aquaticum)* Stengel bis zu 60 cm hoch. Kriechende Wurzel unter Wasser, weiße Blüten. Gedeiht überall in Flüssen und Gräben.
In der Küche Verwendung in Salaten; man sollte sie sehr gründlich waschen, da in den hohlen Stengeln Leberegel sitzen können. Hoher Gehalt an Vitamin C.
Medizinische Verwendung des verdünnten Safts bei Ekzemen und Anämie. Übermäßiger Genuß kann zu Nierenbeschwerden führen.

Brustlattich siehe Huflattich

Buschwindröschen *(Anemone nemorosa)* 30 cm. Weiße oder rosa Blüten; stark geteilte Blätter an behaartem Stiel, knollige Wurzel. Die ganze Pflanze wurde einst zur Heilung von Wunden verwendet, kann jedoch reizen und zu Depressionen führen.

Brunnenkresse

Cayennepfeffer *(Capsicum frutescens)* Hängende weiße bis gelbe Blüten April bis September einzeln oder zu zweien und dreien. Trieb in Bodennähe holzig, an der Spitze verzweigt. Die Frucht ist eine Schote mit vielen Samen, außen ledrig und in vielen Schattierungen von Rot oder Gelb. Wird in gemäßigten Klimaten als einjährige Pflanze kultiviert, im heimischen tropischen Amerika jedoch als Dauerpflanze.
Medizinisch angewendet ist die Frucht in Pulverform eines der besten innerlichen Reinigungs- und Desinfektionsmittel; wehrt infektiöse Krankheiten und Erkältungen ab.

Chinarindenbaum (*Cinchona* mehrere Arten) Baum, der in Südamerika an den Osthängen des tropischen Andenhochlands vorkommt, aber auch in Indien, Sri Lanka und Java. Die Rinde liefert Chinin, ein wichtiges Heilmittel. Medizinische Anwendung zur Behandlung von Malaria.

China-Zimt siehe Gewürz-Zimtbaum

Currypulver Stammt nicht von einer einzigen Pflanze, sondern ist eine Mischung aus verschiedenen Gewürzen wie Kardamom, Cayennepfeffer, Gewürznelken, Koriander, Kreuzkümmel, Dill, Bockshornklee, Ingwer, Muskatblüte, Pfeffer und Gelbwurzel. Es gibt kein Standardrezept.

Dill *(Anethum graveolens)* 90 cm. Flache Dolden winziger gelber Blüten; gefiederte Blätter; fein gesägter, aufrechter Stengel mit abwechselnd weißen und grünen Streifen. Ovale Frucht. Kommt wild vor, wird jedoch weitverbreitet kultiviert; benötigt gut dränierten Boden und sonnige Lage. Folgesaaten April bis Juni. Nicht in die Nähe von Fenchel pflanzen.
In der Küche werden die Blätter zum Würzen vor allem von Fisch, mildem Gemüse und eingelegten Gurken verwendet, die Früchte in Suppen.
Die Früchte wurden als Tee gegen Erbrechen und Schluckauf verwendet; gekaut wirken sie gegen Mundgeruch.

Efeu *(Hedera helix)* Überall bekannte immergrüne Kletterpflanze. Die Form der Blätter variiert. Nach langem Wachstum kann der Stamm einen Durchmesser von 30 cm erreichen.
Aus den Blättern wurde einst eine Waschung gegen Entzündungen, Verbrennungen usw. zubereitet. Die Blätter kön-

nen Hautentzündung verursachen. Es wurde auch angenommen, sie zerstörten rote Blutkörperchen.

Eibisch, Echter; Samtpappel *(Althaea officinalis)* 70 bis 120 cm. Hellrote, weiße oder purpurne Blüten; unverzweigte, holzige Stengel; weiße, süß schmeckende Wurzel. Kommt an feuchten Orten vor, wird auch kultiviert.
Medizinische Verwendung eines Aufgusses aus den Blättern als linderndes Mundwasser; äußerliche Anwendung bei Reizungen, Verbrennungen, Karbunkeln und Wunden. Die geriebene Wurzel, mit Honig vermischt, ergibt einen heilenden Umschlag.

Eiche *(Quercus robur)* Dies ist die häufigste Eichenart mit den bekannten Blättern und Eicheln.
Die Rinde wurde zur Behandlung von Darmkatarrh und Durchfall, von Frostbeulen und Hautausschlag verwendet. Die Früchte wurden einst als Gegenmittel bei Vergiftung angewendet.
In der Küche Verwendung der gerösteten Früchte als Kaffee-Ersatz; in rohem Zustand sind sie bitter. Sie wurden in der Gerberei verwendet.

Eisenkraut *(Verbena officinalis)* 30 bis 60 cm. Kleine lila Blüten in langen, schlanken Ähren; rauhe, behaarte Pflanze mit quadratischen Stengeln. Läßt sich kultivieren.
Es wird angenommen, daß Eisenkrauttee den Gallenfluß anregt und beruhigend wirkt; auch soll er das Sehvermögen stärken.

Engelwurz *(Angelica archangelica)* 1 bis 2 m. Grünlichweiße Blüten in großen, endständigen Dolden, honigähnlicher Duft. Die Blätter haben verbreiterte Blattscheiden, die den runden, gefurchten, hohlen und an der Spitze verzweigten Stengel umschließen. Gedeiht auf feuchten Wiesen und an Uferböschungen, blüht von Juni bis August. Medizinische Verwendung von Wurzeln und Samen gegen Verdauungsbeschwerden und als Tee zur Appetitanregung.
In der Küche Verwendung der rohen Wurzeln mit Butter, der jungen Stengel wie Bleichsellerie sowie in der Konditorei.

Enzian, Gelber *(Gentiana lutea)* 100 bis 125 cm. Große leuchtendgelbe Blüten (nachdem die Wurzel etwa zehn Jahre alt ist); leuchtendgrüne, bis zu 30 cm lange und 15 cm breite Blätter; einfacher, aufrechter Stengel; dicke, gekrümmte Wurzel. Gedeiht in den Gebirgen Süd- und Mitteleuropas und der westlichen Türkei. Die Wurzeln wurden medizinisch einst gegen Appetitlosigkeit und Verdauungsbeschwerden verwendet. Wird in der Nahrungsmittelindustrie zu bitteren Likören verarbeitet.

Estragon *(Artemisia dracunculus)* Die französische Art wird 1 m hoch, die russische Art 1,50 m; sie ist robuster, aber nicht so würzig. Grauweiße, wollige Blüten in Ständen; anmutige dunkelgrüne Blätter, die in weiten Abständen am Stengel sitzen. Gedeiht am besten in gut dräniertem Boden. In der Küche verwendet man ihn gehackt in Salatsaucen, über Salate gestreut, in Saucen und Hauptgerichten.

Eukalyptusbaum *(Eucalyptus globulus)* Hoher immergrüner Baum, der in Australien, Tasmanien und USA vorkommt.
Medizinische Verwendung des Öls der vollentwickelten Blätter zur Behandlung von Lungenkrankheiten, Erkältungen und Halsentzündungen. Gewöhnlich in

Hustenbonbons enthalten. Äußerliche Anwendung als Antiseptikum.

Färberdistel *(Carthamus tinctorius)* 30 bis 100 cm. Orangegelbe Blüten, verzweigter Stengel, ovale Blätter mit feinen Stacheln am Rand. Gedeiht wild, wird jedoch häufig kultiviert.
Die Blüten ergeben einen Tee, der zu starken Schweißausbrüchen führt und gegen Erkältungen usw. angewendet wurde. Man nahm ihn auch zur Beruhigung von Hysterie.
Verwendung der Blüten, zerstoßen und mit Talkum gemischt, als Rouge.

Färber-Indigo *(Indigofera tinctoria)* Eine Pflanze, die im Orient viele Jahrhunderte kultiviert wurde. Bedeutend wegen des Purpurfarbstoffs, der nicht ausbleicht. Umfangreicher kommerzieller Anbau in Indien bis zur Jahrhundertwende, als die Entwicklung synthetischer Farbstoffe zu einer Wirtschaftskrise führte.

Färberröte *(Rubia tinctorum)* Kriechende Wurzel, die kletternde Triebe hervorbringt, die auch niederliegend anzutreffen sind. Kleine gelbgrüne Blüten; Blätter stehen in Wirteln um die Stengel; zylindrisches rötlichbraunes Rhizom. Gedeiht in Mittelmeerländern, wo sie auch kultiviert wird.
Es wurde behauptet, das pulverisierte Rhizom verhindere Nieren- und Blasensteine. Bei Hautproblemen wurde ein Absud angewendet.
In der Farbenindustrie umfangreiche Verwendung der kultivierten Färberröte.

Färberwaid *(Isatis tinctoria)* 1 m. Gelbe Blüten, gelappte Blätter, die direkt der Wurzel entspringen. Die ganze Pflanze hat einen graublauen Schimmer.
Diente einst zur Farbstoffherstellung.

Feldstiefmütterchen siehe Ackerstiefmütterchen

Fenchel *(Foeniculum vulgare)* 60 bis 130 cm. Flache goldgelbe Blüten in Dolden; gefiederte, in der Jugend hellgrüne, später dunklere Blätter. Kurzer, aufrechter Stengel, gestreift und blank. Kommt häufig wild vor, ist leicht zu kultivieren, bevorzugt nährstoffreichen, kalkhaltigen Boden und eine warme Lage. Verwandter des Dills.
In der Küche Verwendung gehackter Blätter in Saucen und zu Fisch, den er leichter verdaulich macht. Fencheltee-kompressen wurden gegen Augenentzündung verwendet, das Samenöl diente als Desinfektionsmittel.

Fingerhut, Roter *(Digitalis purpurea)* 70 bis 150 cm. Glockenförmige Blüten, außen purpurrosa, innen weiß mit roten Flecken. Kräftiger, einfacher, gerader Stengel mit wechselständigen, leicht behaarten Blättern. In Kultur und wild, vor allem an Waldrändern.
Die Blätter werden zu einem Herzstimulans verarbeitet, sind jedoch giftig.

Fingerkraut *(Potentilla reptans)* Kriechender, schlanker Trieb, der häufig wurzelt, mit langstieligen, fünflappigen Blättern. Juni bis September goldgelbe Blüten mit fünf Kronblättern, die abwechselnd mit grünen Kelchblättern angeordnet sind. Die Wurzeln sind lang und schwarz.
Medizinische Verwendung gemahlener Wurzeln und Blätter als Mundwasser; wurde auch für ein Mittel gegen Durchfall gehalten.

Flachs siehe Lein, Echter

Flockenblume *(Centaurea scabiosa)* 30 bis 70 cm. Runde Blütenköpfchen mit

wolligen Schuppen und leuchtendpurpurnen Blütchen. Lange Blätter in Abschnitten; gefurchter, leicht verzweigter, mit weichen Haaren bedeckter Stengel. Kommt auf trockenem Ödland vor, oft in der Nähe von Disteln.
Blüten und Wurzeln wurden in der Medizin zur Behandlung von Drüsenstörungen und zur Linderung von Katarrh verwendet.
In der Küche Verwendung der Blüten in Salaten.

Florentiner Schwertlilie *(Iris florentina)* Weiße Blüten mit blauen Adern, äußere Kronblätter gelb behaart. Schwertähnliche Blätter von der Basis, aufrechter Stengel. Stammt aus dem Mittelmeerraum, wird aber auch oft in kühleren Klimaten kultiviert. Veilchenwurzel nennt man den Wurzelstock, der hauptsächlich bei Florenz für kommerzielle Zwecke angebaut wird.
Medizinisch wurde die Wurzel zur Behandlung von Wassersucht und ähnlichen Beschwerden verwendet, gelegentlich auch bei Halsentzündung und Husten. Wird für die Herstellung von Parfümkugeln benutzt.

Flußampfer *(Rumex hydrolapathum)* 2 m. Kleine grünlichgelbe Blüten mit weißen Köpfchen; hohler, verzweigter Stengel; schmale, längliche Blätter und große rötlichbraune Wurzel. Der größte Vertreter der Gattung Ampfer, kommt an Flüssen, Gräben und Teichen sowie an sumpfigen Orten vor. Die Wurzeln wurden einst für ein allgemeines Körperreinigungsmittel gehalten.

Frauenhaarfarn *(Adiantum pedatum)* 1 bis 1,50 m. 3 bis 8 Blättchen an jedem vom Hauptstengel ausgehenden Stiel. Gedeiht wild an feuchten, kühlen Orten.
Absud aus Blättern wurde gegen Erkältungen sowie gegen durch Erkältung verursachten Blutandrang verwendet. Manchmal auch Anwendung als Haarwasser.

Frauenmantel *(Alchemilla vulgaris)* 10 bis 50 cm. Kleine grüne Blüten in lockeren Ständen; sieben- bis achtlappige Blätter an der Basis, einige davon fein gezähnt. Stengel anfangs grün, dann blaugrün und schließlich rötlich oder bräunlich. Leicht kultivierbar, muß jedoch am Wuchern gehindert werden. Auch in schattigen Wäldern und an feuchten Orten anzutreffen.
Wurde medizinisch zur Behandlung aller Arten von Frauenleiden verwendet.

Frühlings-Zwiebel, Lauch-Zwiebel *(Allium fistulosum)* 15 bis 30 cm. Im Querschnitt runde Blätter; gelblichweiße Blüten. Eine größere Verwandte des Schnittlauchs (vgl.), die Speisen ein etwas stärkeres Aroma verleiht.

Galgantpflanze *(Alpinia officinarum)* 1 bis 1,50 m. Weiße Blüten in Ständen an niederliegendem Stengel. Kriechende, zylindrische, verzweigte Wurzel, die von alten Blattscheiden umgeben ist. Geruch und Geschmack der Wurzel wie Ingwer. Kommt in China, Südost-Asien, Indonesien und Iran wild und kultiviert vor.
Medizinische Verwendung einst wie Ingwer als reinigender schweißtreibender, heißer Tee.

Gänseblümchen, Maßliebchen *(Bellis perennis)* 10 bis 20 cm. Bekannte weiße Blüten (oft rosa überhaucht) mit gelber Mittelscheibe; weiche, behaarte Stengel, faserige Wurzel. Wird kultiviert, gedeiht aber gewöhnlich wild auf Rasenflächen, Wiesen und an anderen grasbewachsenen Orten.

Medizinische Verwendung von Blüten und Blättern in Tee gegen Magen- und Darmbeschwerden; frische Blüten helfen bei Schwellungen und Verbrennungen.

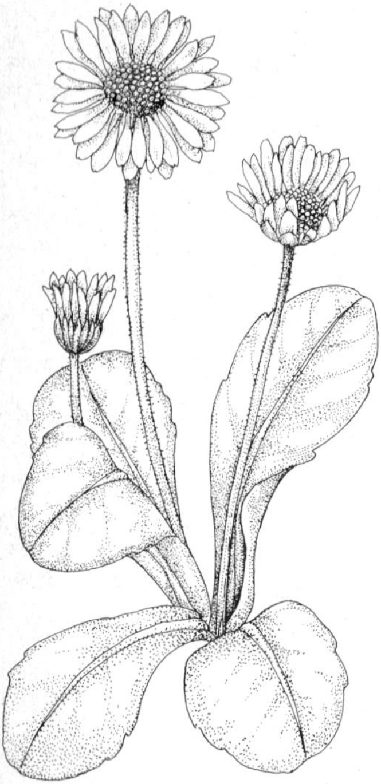

Gänseblümchen

Gartennelke *(Dianthus caryophyllus)* Bekannte, wegen ihrer Blüten kultivierte Pflanze. Gedeiht viele Jahre lang in Kräutergärten. Nützlich zur Bewahrung von Wohlgeruch.

Gartenraute *(Ruta graveolens)* 30 bis 70 cm. Kleine gelbgrüne Blüten in Ständen. Verzweigter blaßgrüner Trieb. Aromatisch. Kommit wild vor, wird jedoch gewöhnlich kultiviert.
Traditionelle medizinische Verwendung zur Linderung von Gichtschmerzen und zur Behandlung nervöser Herzbeschwerden. Starke Dosen können zu Vergiftung führen; besonders gefährlich für schwangere Frauen.

Gelbwurzel, Kurkuma *(Curcuma longa)* Dieses Gewürz ist die getrocknete Wurzel einer in den Tropen heimischen Pflanze aus der Familie der Ingwergewächse.
In der Küche empfielt sich Vorsicht bei der Verwendung der gemahlenen Wurzel, die einen bitteren, ingwerähnlichen Geschmack hat. Hauptsächliche Verwendung in kleinen Mengen, um Senf und Currygerichten Farbe zu verleihen.

Gewürznelkenbaum *(Caryophyllum aromaticum)* 5 bis 10 m. Baum mit roten und weißen, glockenförmigen Blütendolden und ovalen Blättern. Die getrockneten Blütenknospen sind die bekannten Gewürznelken. Kommt von den Gewürzinseln (Molukken), den Philippinen und den Westindischen Inseln.
Verwendung in der Küche in Suppen, Schmorgerichten und Süßspeisen.
Medizinische Verwendung von Öl oder Tee zur Schmerzlinderung und als Antiseptikum.

Gewürz-Zimtbaum, China-Zimt *(Cinnamomum cassia)* Verwendet wird die aromatische Rinde dieses in tropischen Regionen kultivierten Baums. Sie ist viel dicker als die des Ceylon-Zimtbaums und wird in gemahlener Form als Ersatz zum Würzen allgemein und besonders für Liköre und Schokolade genommen.

Gift-Lattich *(Lactuca virosa)* Der gemeine Kopfsalat ist ein Verwandter dieses Krauts. Wenn man ihn heranwach-

sen läßt, schießt ein hoher Stengel mit wechselständigen Blättern und gelben Blütenköpfchen empor.
In der Medizin wurde der verdickte Milchsaft als mildes Beruhigungsmittel verwendet.

Gift-Lattich

Ginseng *(Panax schinseng)* Kleine Pflanze, die fast ausschließlich aus Ostasien kommt, wo sie auch angebaut wird. (*P. quinquefolium* wird in den USA kultiviert und ist ähnlich.) Die aromatische Wurzel kann eine Länge von 70 cm erreichen.
In der Medizin soll sich die gemahlene Wurzel günstig auf viele Beschwerden auswirken; sie wirkt auch stimulierend auf das zentrale Nervensystem.

Goldrute *(Solidago virgaurea)* Lange Blütenstände; behaarter, runder, gestreifter Stengel, längliche Blätter. Kommt oft wild und in Gärten vor; sieht farbenprächtig aus, wenn sie blüht.
Tee aus Blättern und Blüten wurde einst gegen Arthritis, Keuchhusten und chronisches Ekzem angewendet. Angeblich lindernd bei Nierenbeschwerden. Zerdrückte frische Blätter für Wunden, Entzündungen und Insektenstiche.

Greiskraut, Gemeines oder **Kreuzkraut** *(Senecio vulgaris)* 30 bis 70 cm. Goldgelbe Blüten mit brauner Mitte, grob gezähnte Blätter an der Basis; aufrechter, gefurchter Stengel mit braunen Streifen. Gedeiht in feuchten Gegenden, in Sümpfen, an Wasserläufen und auf Ödland allgemein.
Die gesamte Pflanze wurde einst bei Leberbeschwerden angewendet, aber niemals ohne ärztliche Aufsicht. Die Inder verwendeten es zur Abtreibung. Bekannt als giftig für das Vieh.

Griechisch-Heu siehe Bockshornklee

Grüne Nieswurz *(Helleborus viridis)* Bis zu 30 cm. Verzweigter Stengel mit großen weißen Blüten, deren jede ein eigenes Blatt hat. Kommt hauptsächlich in Hochgebirgswäldern, aber auch in einigen Gärten vor.
Wurde in der Medizin als Herzstimulans verwendet. Achtung: Die Berührung zerdrückter Pflanzen kann zu Hautentzündung führen.

Gundelrebe oder **Gundermann** *(Glechoma hederacea)* Kriechende Pflanze mit blauvioletten, zweilippigen Blüten. Feinbehaarter Stengel mit Wurzelknoten über die gesamte Länge.
Blätter und Blüten wurden zur Linderung von Durchfall, Erkältungen und Bronchi-

tis verwendet, können jedoch in großen Mengen giftig sein.

Grüne Nieswurz

Gundermann siehe Gundelrebe

Günsel, Kriechender *(Ajuga reptans)* 30 bis 60 cm. Üppige Stände blauer Blüten im Mai bis Juni. Die oberen Blätter entspringen direkt dem Stengel und sind oft blau getönt; die unteren Blätter haben Stiele; Stengel behaart. Gedeiht besonders in feuchten Wäldern und Wiesen. Blätter wurden als Adstringens verwendet, der bittere Geschmack kann mit Honig versüßt werden. Beruhigungsmittel bei Magenverstimmung.

Gurkenkraut siehe Borretsch

Habichtskraut *(Hieracium pilosella)* 10 bis 40 cm. Einzelne gelbe Blütenköpfchen auf rauhem Stengel; kriechende, belaubte Ausläufer; Blätter ebenfalls rauh. Gedeiht auf trockenem Boden, auf Rasen, Weiden usw.
Man hielt den Tee für ein Mittel gegen Durchfall und verwendete ihn als Mundwasser bei Halsentzündung.

Hagebutten – Hundsrose *(Rosa canina)*, **Strauchrose** *(Rosa rugosa)*, **Weinrose** *(Rosa rubiginosa)* Hagebutten sind die roten bis orangen Früchte, die sich nach dem Verwelken der Blüten entwikkeln. Die Hundsrose ist die häufigste. Alle haben die bekannte aufrechte oder kriechende Strauchform mit stacheligen Trieben. Die Blüten sind gewöhnlich hellrosa oder weiß, wohlriechend und mit zahlreichen gelben Staubblättern versehen.
In der Küche werden Hagebuttentee und -mus wegen ihres Reichtums an Vitamin C und A geschätzt. Die Samen sind gefährlich und können zu Magenblutungen führen.

Hanf *(Cannabis sativa)* 1 bis 3 m. Kleine grüne Blüten; schmale, palmenähnliche Blätter an rauhen, kantigen, verzweigten Stengeln. In warmen Klimaten wild, kann in gemäßigten Zonen jedoch kultiviert werden. Gedeiht am besten auf trockenem, sandigem Boden. Kultur und Verwendung als Droge sind jedoch gesetzlich verboten.
Große Möglichkeiten als Hilfsmittel in der Psychotherapie und zur Unterstützung beim Entzug von Opiaten. Die Forschung ist jedoch in gewissem Grad durch die Gesetzgebung behindert worden.

Heidewacholder siehe Wacholder

Heilziest *(Stachys officinalis)* 15 bis 70

cm. Scheinähren rötlichpurpurner Blüten Juni-August. Blätter sitzen einander gegenüber am eckigen, behaarten, unverzweigten Stengel. Gedeiht in verwilderten Gärten, auf Wiesen und an Waldwegen. Der Pflanzensaft wurde zur Heilung von Schnittwunden sowie bei Asthma und Bronchitis verwendet.

Helmkraut *(Scutellaria lateriflora)* Zweilippige blaßlila oder blaue Blüten, verzweigter Stengel; gesägte, ovale, spitz zulaufende Blätter. Gelbe Wurzel.
In der Medizin wurde die Verwendung von Aufgüssen für wohltuend bei Krämpfen und Kontraktionen gehalten. Die Indianer verwendeten es zur Förderung der Menstruation.

Hennastrauch *(Lawsonia inermis)* Kleiner Strauch, der in Arabien, Nordafrika, Iran und Ostindien gedeiht. Graugrüne Blätter und duftende rote Blüten.
Medizinische Verwendung der Blätter zur Herstellung eines lindernden Mundwassers. Wird oft zum Haarfärben verwendet.

Herbstzeitlose *(Colchicum autumnale)* 20 bis 50 cm. Violette oder purpurne krokusähnliche Blüten im Herbst, gefolgt von glatten, schmalen dunkelgrünen Blättern aus der Basis.
Wächst aus einer großen dunkelbraunen Zwiebel. Gedeiht auf feuchten Wiesen. Medizinische Verwendung zur Linderung von Gichtschmerzen, ist jedoch stark giftig; enthält Colchizin. Versuche in der Krebsbehandlung. Giftig!

Hirtentäschelkraut *(Capsella bursa pastoris)* 15 bis 50 cm. Kleine weiße Blüten in flachen Ständen; aufrechter, einfacher, verzweigter Stengel. Kommt auf Feldern und Brachland häufig vor.
Der Extrakt wurde zum Stillen innerlicher und äußerlicher Blutungen verwendet; erhöht den Blutdruck.

Holderbusch siehe Holunder, Schwarzer

Holunder, Schwarzer oder **Holderbusch** *(Sambucus nigra)* 2,50 bis 9 m. Kleine weiße und gelbliche Blüten mit starkem Duft; dunkelgrüne Blätter; glänzende schwarzviolette Früchte. Häufig vorkommender Strauch oder Baum, der am übermäßigen Wuchern gehindert werden muß.
In der Küche Verwendung der Beeren für Marmelade, Saft und Wein, der Blüten in Gebäck und Milchspeisen.
Die Blüten wurden einst als schlafördernder Tee und gegen Rheumatismus angewendet; die Früchte sollen schweißtreibend und fiebersenkend sowie gegen chronischen Katarrh wirken. Aufgußbeutel für Tee sind in Reformhäusern erhältlich. Holunderblütenwasser kann in Augen- und Gesichtswässern sowie als mildes Adstringens verwendet werden.

Hopfen *(Humulus lupulus)* Rankgewächs, dessen Stengel oft Längen von 6 m erreichen. Gelblichgrüne Blüten. Schuppige, tannenzapfenähnliche Fruchtstände. Stengel und Blätter sind rauh. Gedeiht wild und wird in großem Umfang angebaut.
Wird hauptsächlich zum Würzen von Bier verwendet, wurde jedoch bis zum 15. Jahrhundert nicht allgemein anerkannt. Verwendung des Tees gegen Schlaflosigkeit (auch als Hopfenkissen) und für die Verdauung.

Hornklee, Gemeiner *(Lotus corniculatus)* Niedrig wachsendes Kraut mit ausgreifenden Trieben und zahlreichen rautenförmigen Blättern. Die leuchtendgelben bis bräunlichroten Blüten sitzen an den Triebenden. Wächst fast überall auf freiem Gelände und Heideland. Die Blätter wurden einst zur Behandlung nervöser Beschwerden verwendet.

Huflattich oder **Brustlattich** *(Tussilago farfara)* Kriechende Wurzeln, denen flaumige weiße Stengel mit großen gelben Blüten entsprießen; große, auf der Unterseite flaumige Blätter. Kommt vor allem auf lehmigem, feuchtem Boden in Rainhecken und auf Ödland vor. Blätter und Blüten wurden für Aufgüsse und Tees zur Behandlung von Erkältungen und Husten verwendet sowie als Kompressen bei Krampfadern und einigen Hautausschlägen.

Hühnerdarm siehe Vogelmiere

Immergrün oder **Singrün** *(Vinca major, V. minor)* Flachliegende kriechende Pflanze mit dunkelgrünen, glänzenden Blättern an Gelenkknoten und einer hellblauen Blüte. Kommt wild und in Kultur vor.
Wurde einst für ein gutes Mittel gegen Durchfall, übermäßige Menstruation und Blutungen gehalten; Tee wurde zur Beruhigung von Hysterie und Anfällen verwendet.

Indianernessel *(Monarda didyma)* 50 bis 100 cm. Karminrote bis purpurne Blüten Juli bis September in Quirlen an der Spitze kantiger Stengel mit ovalen, gezähnten Blättern. Kann in nährstoffreichem, feuchtem Boden kultiviert werden. Vermehrung durch Teilung.
Blüten und Blätter wurden einst als Schlaftrunk verwendet.

Ingwer *(Zingiber officinale)* 100 bis 130 cm. Weiße, purpurn gestreifte Blüten in Ähren. Lange, ovale Blätter an einfachem, belaubtem Stengel mit Blattscheiden um die Basis. Knolliges, faseriges Rhizom von braungelber Farbe.
In der Medizin bringt das aromatische Rhizom als Tee oder Sirup Linderung bei Husten; der Tee ist ein erfrischendes Mundwasser.
In der Küche Verwendung in einer Vielfalt von Speisen, vor allem bei orientalischen.

Jakobs-Kraut *(Senecio jacobaea)* 30 bis 70 cm. Blüten mit goldgelben Zungen und bräunlicher Scheibe. Aufrechter, gefurchter, braungestreifter Stengel. Grob gezähnte Basalblätter. Gedeiht in feuchten Gebieten, an Flußufern und auf Sumpfland.
In der Medizin traditionsgemäße Verwendung gegen eine Vielzahl von Frauenleiden. Die Indianer verwendeten es, um Abtreibungen zu beschleunigen. Enthält Giftstoffe, die gefährlich für das Vieh sind.

Jasmin, Echter *(Jasminum officinale)* Rankende Pflanze mit süß duftenden weißen Blüten und üppigem dunkelgrünem Laub. Gedeiht in den warmen Teilen der östlichen Hemisphäre.
Medizinische Anwendung des Öls in Indien zur Behandlung von Schlangenbissen.
Parfüms enthalten oft Jasminöl, das sehr teuer ist.

Kamille, Echte *(Matricaria chamomilla)* Die Römische Kamille kann 40 cm hoch werden, 16 cm ist jedoch üblicher. Der gelbe Blütenboden ist hohl und hat weiße Randblüten. Man findet sie am Rand von Weizenfeldern, kann sie aber auch im Frühjahr oder Herbst aussäen.
Eine heilende Wirkung auf andere Pflanzen im Garten ist festgestellt worden.
Die Blüten wurden als Tee zur Unterstützung der Verdauung verwendet; sie wir-

ken reinigend und desinfizierend. Auch als Mundwasser nach Zahnbehandlungen.

Kanadische Orangewurz *(Hydrastis canadensis)* 30 cm. Einzelne Blüte am Ende eines aufrechten Stengels mit zwei fünflappigen Blättern. Dicke, knotige gelbe Wurzel. Kommt in fruchtbaren Wäldern und auf Wiesen vor.
Medizinische Verwendung der gemahlenen Wurzel zur Befreiung von Katarrh. Bei wundem Zahnfleisch den Tee mit der Zahnbürste auftragen. Die Pflanze darf nicht roh gegessen werden!

Kapernstrauch, Echter *(Capparis spinosa)* Die Kapern stammen von einem Strauch aus dem Mittelmeerraum, dessen geschlossene Blütenknospen eingelegt und zum Würzen von Salaten, Saucen usw. verwendet werden.

Kapuzinerkresse *(Tropaeolum majus, T. minus)* Kräftige Rankpflanzen, die auch als nichtrankende gezogen wurden. Nierenförmige Blätter; gelbe, orange, rote und bräunliche Blüten. Stammt aus Südamerika, wird in großem Umfang kultiviert und ist sehr fruchtbar.
In der Küche werden die Blätter für Brotbelag und -aufstrich verwendet, denen sie einen pfefferigen Geschmack geben. Samen und Blüten werden ebenfalls verwendet. Die Blätter enthalten reichlich Vitamin C.

Kardamompflanze *(Elettaria cardamomum)* 2 bis 5 m. Kleine gelbliche Blüten auf hohem, aufrechtem Stengel, die sich zu dreikammerigen Samenkapseln entwickeln. Kommt in Südindien vor, wird jedoch in anderen tropischen Gebieten angebaut. Verwendung der Samen in der indischen Küche, gemahlen in Currypulver.

Kapuzinerkresse

Medizinische Verwendung zur Aromatisierung von Medikamenten, aber auch als mildes Stimulans.

Kassie, Spitzblättrige oder **Sennesstrauch** *(Cassia acutifolia)* 1 bis 2 m. Gelbe Blüten in Ständen, Stengel rund und leicht behaart, jedes Blatt in 8 bis 10 Blättchen geteilt. Gedeiht in Nordamerika, eine andere Art in Nordafrika.
Medizinische Verwendung der Hülsen als Abführmittel; Aufguß als Mundwasser gegen Mundgeruch.

Katzenmelisse *(Nepeta cataria)* 1 bis 2 m. Die weißen, purpurn gefleckten Blüten

erscheinen in ährigen Kolben im Juni-September. Längliche, spitze Blätter mit gewelltem Rand und grauen oder weißlichen Haaren auf der Unterseite; aufrechter, verzweigter Stengel. Leicht zu kultivieren in den meisten Gärten gemäßigter Regionen.
Tee soll angeblich Magenbeschwerden heilen; auch als Klistier.

Kerbel *(Anthriscus cerefolium)* 30 bis 60 cm. Kleine weiße Blüten in zusammengesetzten Dolden; runde, fein gefurchte, verzweigte Stengel. Die Aussaat erfolgt am besten im August und dann monatlich ab Januar; auch die Kultur im Blumenkasten ist möglich.
Wird in der Küche seit vielen Jahren verwendet; der milde Geschmack erfordert reichliche Mengen; große Vielfalt von Verwendungsmöglichkeiten.

Khus-Khus *(Vetiveria zizanioides)* 2 m. Hohes ausdauerndes Gras in großen Polstern. Lange, schmale, rauhe Blätter; Blütenähren. Gedeiht im tropischen und subtropischen Asien und auf dem Malaiischen Archipel.
In der Küche Verwendung der Wurzel für die Zubereitung eines aromatischen Tees.

Klette, Große *(Arctium lappa)* 1 bis 1,25 m. Purpurne Blüten in lockeren Ständen; herzförmige Blätter, die weiter oben am rötlichen, markreichen Stengel kleiner werden. Die bekannten Samenkapseln haken sich an Kleidung fest. Häufig in Rainhecken und auf Ödland.
Die Blätter wurden zur Anregung der Gallensekretion und Aknebehandlung verwendet.

Knoblauch *(Allium sativum)* 30 bis 50 cm. Runde Dolde kleiner weißer Blüten. Einfacher, glatter, runder Stengel, an der Basis von den Scheiden der Stengelblätter umschlossen. Die Zwiebel zerfällt in mehrere kleine „Zehen". Ausgedehnter Anbau. Aus jeder gepflanzten „Zehe" entwickelt sich eine vollständige Zwiebel.
In der Küche Verwendung in einer großen Vielfalt von Speisen.
Medizinisch angewendet zur Anregung der Verdauung, soll besonders gut für das Blut sein.

Kohlportulak *(Portulaca oleracea)* 30 bis 70 cm. Gelbe Blüten mit fünf Blütenblättern; dicke, fleischige Blätter; die runden, glatten rötlichen Stengel sind saftig und spröde. Kann kultiviert werden, ist jedoch häufig wild zu finden.
Blätter und Früchte wurden als Abführmittel und zur Behandlung von Eingeweidewürmern verwendet.
In der Küche werden die Blätter im ganzen gekocht.

Kohlportulak

Kokastrauch *(Erythroxylum coca)* 2,50 m. Kleine gelblichweiße Blüten in Ständen; dünne, ovale, stumpfe Blätter an geraden Ästen. Sieht dem Schwarzdorn ähnlich. Gedeiht im Westen Südamerikas in heißen, feuchten Gegenden.
Medizinische Verwendung der Blätter als Anregungsmittel, gewöhnlich durch Kauen; enthält Kokain. Innerliche Wirkung ähnlich wie Opium, wenn auch weniger narkotisch.

Kolabaum *(Cola acuminata)* Baum, der in Afrika wild vorkommt, in Südamerika und auf den Westindischen Inseln jedoch kultiviert wird. Die Frucht ist eine gelblichbraune, holzige Kapsel, die weiße oder rote Kolanüsse enthält.
Medizinische Verwendung der Samen als Stimulans. Die Früchte enthalten mehr Koffein als Kaffeebohnen.

Königskerze *(Verbascum thapsiforme)* 1 bis 1,50 m. Hoher, robuster Stengel mit wechselständigen, dicken, pelzigen Blättern von hellgrüner Farbe. Gelbe Blüten in zylindrischen Ständen.
Die Blüten wurden gegen Husten und Verschleimung sowie äußerlich gegen Entzündungen und schmerzhafte Zustände der Haut verwendet.

Koriander *(Coriandrum sativum)* 30 bis 70 cm. Weiße Blüten in Dolden, runde Stengel; untere Blätter wie Petersilie, obere Blätter spitzer. Unreife Samen riechen abstoßend. Kam mit den Römern nach Britannien, gedeiht heute auf Ödland; wird auch kultiviert, vor allem in der UdSSR.
In der Küche Verwendung der bitter schmeckenden Blätter und der Samen, die getrocknet einen Salbeigeschmack haben.
Medizinisch vielfältige Verwendung der Früchte in Salben gegen Rheumatismus und Arthritis. Das Öl regt die Produktion der Verdauungssäfte an und wird auch in der Parfümindustrie verwendet.

Kornblume *(Centaurea cyanus)* 30 bis 60 cm. Kleine blaue Blüten in Köpfchen; lange, schmale Blätter; dünner, steifer, verzweigter Stengel. Kommt wild vor, seit Gebrauch chemischer Düngemittel jedoch seltener; oft dicht bei Mohn.
Medizinische Verwendung von Tee als Augenbad sowie für kosmetische Zwekke.

Kratzdistel *(Cirsium palustre)* Bis zu 150 cm. Dies ist die gewöhnliche hohe Distel, die man auf Feldern, im Wald und auf feuchtem Boden findet, mit den bekannten purpurnen Blüten und stacheligen Stengeln und Blättern.
In der Küche Verwendung junger, von Stacheln und harter Schale befreiter Triebe in Salaten oder gekocht.

Kren siehe Meerrettich

Kreuzkraut siehe Greiskraut, Gemeines

Kreuzkümmel *(Cuminum cyminum)* 30 bis 60 cm. Kleine gelbe Blüten in Dolden auf verzweigten Stielen, die dem ebenfalls verzweigten, steifen, gefurchten Stengel entspringen. Wurde einst in Britannien angebaut, ist heute jedoch ungewöhnlich; die Samen werden größtenteils importiert.
In der Küche in Currypulvern, aber auch in einer Vielzahl von Gerichten, vor allem Käse; ähnelt dem Kümmel. Wurde einst als verdauungsfördernder Tee verwendet. Gebrauch des Öls in Parfüms.

Kubeben-Pfeffer *(Piper cubeba)* Schlingpflanze oder Strauch von den Ostindischen Inseln; die Büten bilden schuppige Ähren und entwickeln sich zu

Träubchen von Früchten, die dem schwarzen Pfeffer ähneln. Sie werden unreif gepflückt und getrocknet.
Medizinische Verwendung in Zigaretten zur Linderung von Heuschnupfen und Asthma; das Öl ist wirksam als Antiseptikum gegen Gonorrhöe.

Kuhblume siehe Löwenzahn

Kümmel *(Carum carvi)* 70 bis 150 cm. Kleine weiße oder gelbe Blüten in zusammengesetzten Dolden; feine, fiederteilige Blättchen; typischer hohler, gefurchter Stengel. Früchte länglich und dunkelbraun. Kommt reichlich in gemäßigten Regionen, aber auch in der äußersten Arktis vor. In der Küche Verwendung der Samen wegen ihres ausgeprägten Geschmacks auf Brot und zu Käse.
Das Samenöl wurde in Kräutertees zur Linderung von Erkältungen der Luftwege und zur Steigerung der Milchbildung, aber auch zur Anregung der Verdauung verwendet.

Kümmel

Labkraut *(Galium aparine)* 60 bis 180 cm. Kleine weiße Blüten in flachen Rispen; rauhe, längliche Blätter in Wirteln von sechs oder acht um den Stengel; quadratischer, stacheliger Stengel, schlanke Wurzel. Kommt an feuchten, grasbewachsenen Orten vor.
Medizinisch empfohlen wurde einst ein Tee aus dem Saft oder der getrockneten Pflanze bei Hautproblemen und zur Wundheilung.

Labkraut, Echtes *(Galium verum)* 30 bis 70 cm. Trägt eine Fülle winziger gelber Blüten, die nach Honig duften. Schmale Blätter in Wirteln, schlanker Stengel. Gedeiht wild in Rainhecken. Entwickelt, wenn getrocknet, einen heuähnlichen Duft.
In der Küche Verwendung zur Gerinnung von Milch und zur Zubereitung von Quark und Käse.

Lauch-Zwiebel siehe Frühlings-Zwiebel

Lavendel *(Lavandula officinalis)* Häufiger Strauch, der wegen seiner duftenden Blüten oft in Gärten kultiviert wird. Violette Blüten in Scheinähren. Graugrüne Blätter.
Medizinisch verwendet wird das durch Destillieren mit Wasser aus den Blüten gewonnene Öl. Behandelt werden Kopfschmerzen, vor allem Migräne, Ohnmacht und Schwindelgefühl. Auch als Antiseptikum.

Lein, Echter oder **Flachs** *(Linum usitatissimum)* 50 bis 100 cm. Blaue oder blauviolette Blüten; aufrechter, schlanker Stengel mit zahlreichen schmalen, länglichen Blättern. Die Frucht ist eine Kapselfrucht, die 8 bis 10 glatte, abgeflachte, glänzende hellbraune Samen enthält. Gedeiht an Straßen und Bahndämmen, wird aber auch in großem Umfang kultiviert, vor allem in den USA.

Die Samen werden für Absude gegen Erkältungen und Beschwerden von Lunge und Brust verwendet, das Öl zur Entfernung von Gallensteinen, die unzerkleinerten Samen gegen Verstopfung.

Liebstöckel, Maggikraut *(Levisticum officinale)* 1 bis 2 m. Zahlreiche grünlichgelbe Blüten; eingeschnittene, ovale Blätter; gerader, runder, hohler Stengel; starke, fleischige Wurzeln. Leicht zu kultivieren, kommt auch wild vor.

In der Küche Verwendung in Suppen, Eintopfgerichten, Brühen, Schmorgerichten usw. Hefeähnlicher, würziger Geschmack. Die Blätter dienen auch als Gemüse.

Lorbeerbaum *(Laurus nobilis)* Bis zu 10 m. Strauchähnlicher Baum, oft unerkannt. Immergrün; elliptische, spitz zulaufende Blätter, unten hell gelblichgrün. Kann im Freien kultiviert werden, wo er jedoch stark unter Frost leidet, oder im Kübel unter Dach.

In der Küche Verwendung im traditionellen *bouquet garni;* häufig zu Fisch, Gemüse, in Suppen usw.

Medizinische Anwendung der Blätter zur Appetitanregung.

Löwenzahn oder **Kuhblume** *(Taraxacum officinale)* 5 bis 30 cm. Bekannte gelbe Büten auf hohlen, fleischigen, elastischen und blattlosen Stengeln; gezähnte Blätter rund um die Basis. Kommt zwar oft als Unkraut vor, kann aber auch kultiviert werden, wenn man ihn in Grenzen hält.

In der Küche Verwendung der jungen Blätter in Salaten und Sandwichs; sehr nahrhaft, reich an Vitamin A (mehr als Spinat). Getrocknete Blätter als allgemein gebräuchliches Heilkraut; getrocknete, geröstete Wurzel als Ersatz für Kaffee. Wurde angewendet zur Verbesserung der Gallenblasenfunktion und zur Anregung der Verdauungsdrüsen, aber auch zur Bekämpfung von Rheumatismus und Gicht.

Mädesüß siehe Rüstestaude

Maggikraut siehe Liebstöckel

Maiglöckchen *(Convallaria majalis)* 30 cm. Glockenförmige weiße Blüten an einzelnem Stengel zwischen zwei länglichen, spitzen Blättern, die die Stengelbasis umschließen. Kommt wild vor, wird jedoch gewöhnlich im Garten kultiviert.

Medizinische Verwendung als Salbe gegen Kopfschmerzen und Rheumatismus sowie unter ärztlicher Aufsicht als Herzmittel. Giftig!

Majoran – Wilder Majoran, Dost oder **Oregano** *(Origanum vulgare),* **Gartenmajoran** *(Origanum majorana).* Alle beide sind buschähnliche, 25 cm hohe Pflanzen mit Bütenrispen. Die Büten sind malvenfarbig, rosa oder hellrot. Die Stengel sind holzig. Beide lassen sich kultivieren.

Die Verwendung dieser Kräuter in der Küche ist allgemein verbreitet. Gartenmajoran ist milder als Oregano, der recht würzig ist, vor allem die Mittelmeersorte.

Malve – Wilde Malve *(Malva silvestris),* **Rundblättrige Malve** *(M. rotundifolia)*

Beide haben rosa oder purpurne Blüten mit 5 bis 7 Blütenblättern und hellgrüne, flaumige Blätter mit 5 bis 7 Lappen. Die Wilde Malve wird 1 m hoch mit aufrechtem Stengel, die Rundblättrige Malve ist niederliegend mit verzweigtem, bis zu 70 cm langem Stengel. Beide gedeihen wild auf Ödland, werden aber auch kultiviert.
Beide Kräuter wurden medizinisch als Tee gegen Husten und Heiserkeit angewendet, äußerlich auch als Absud zur Behandlung von Wunden und Entzündungen.

Mandelbaum *(Prunus amygdalus)* 3 bis 6 m hoher Baum. Mittelmeerländer und Süd-Kalifornien. Fein gesägte Blätter an stacheligen Ästen; große rosa und weißliche Blüten. In der Küche Verwendung der Früchte wie Nüsse und als Butter wie Erdnußbutter. Bitteres Mandelöl wurde einst als Hustenmittel und zur äußerlichen Behandlung verwendet.
Kosmetische Verwendung von gemahlenen Früchten und Öl als Reinigungscreme.

Märzveilchen siehe Veilchen, Wohlriechendes

Maßliebchen siehe Gänseblümchen

Maulbeerbaum, Schwarzer *(Morus nigra)* Bis zu 25 m hoher Baum.
Medizinische Verwendung der Rinde gegen Bandwurm. Milchsaft der Blätter gegen Scherpilzflechte. Saft und unreife Frucht können Halluzinationen und Magenverstimmung verursachen. Reife Früchte schmecken köstlich und können zu Marmelade verarbeitet werden.

Mäusedorn *(Ruscus aculeatus)* 1 m. Ein niedriger Strauch; winzige grünlichweiße Blüten erscheinen einzeln in der Mitte der

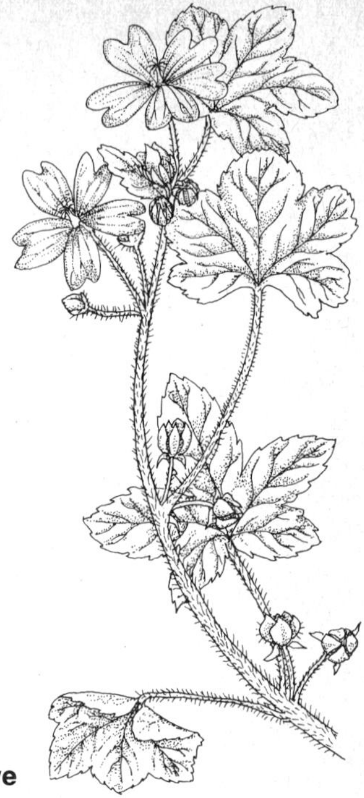

Malve

steifen grünen Flachsprosse, die an der Spitze stechen. Aufrechte, verzweigte grüne Stengel. Die runden leuchtendroten Beeren sind zwei- bis dreimal so groß wie Stechpalmenfrüchte.
Absud aus Zweigen wurde einst als schweiß- und harntreibendes Mittel verwendet.

Meerrettich oder **Kren** *(Armoracia rusticana)* Kleine weiße Blüten an kurzen Stielen, die einem dicken Stengel entspringen. Faltige, palmenähnliche Blätter mit, wenn man sie zerdrückt, typischem Geruch. Langer, dicker Wurzelstock. Sehr häufig auf Ödland, bleibt jedoch oft unerkannt.

Meerrettich

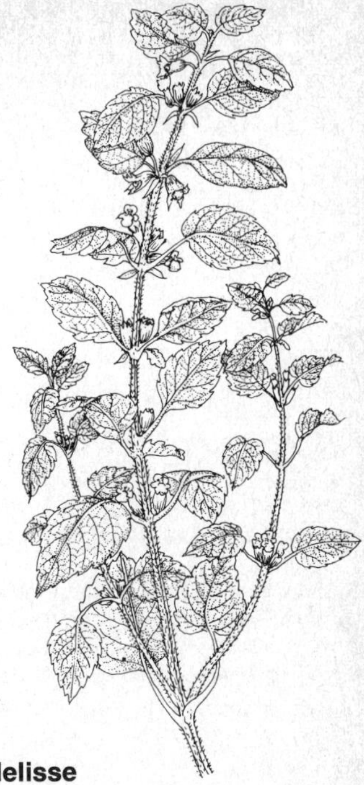

Melisse

In der Küche Verwendung der geriebenen Wurzel für die bekannte Sauce zu Fleisch. Die Wurzel enthält Senföl und Vitamin C.
In der Medizin wurde der geriebenen Wurzel und dem Sirup lindernde Wirkung bei Bronchialkatarrh zugeschrieben.

Melisse *(Melissa officinalis)* Bis zu 1 m. Kleine gelbe Blütenstände, die auch rosa oder blau-weiß sein können. Blätter oval, leicht gelappt und schwach behaart. In gemäßigtem Klima leicht zu kultivieren. Aussaat März und April, im Herbst verpflanzen für die Ernte im folgenden Jahr.
Verleiht Speisen Zitronengeschmack. Verwenden Sie gehackte Blätter. Wird zur Herstellung von Likör (z.B. Chartreuse) verwendet.
Medizinische Anwendung der Blätter zur Beruhigung und gegen Verdauungsbeschwerden.

Mimose Eine Vielzahl von Arten in Form von Sträuchern, Bäumen und Kriechpflanzen. Gedeiht in tropischen und subtropischen Regionen. Die Blüten werden zur Duftherstellung verwendet.

Minze Es gibt eine Vielzahl von Minzen, die in der Küche und wegen ihres Wohlgeruchs beliebt sind. Es lohnt sich, eine kleine Auswahl zu kultivieren.

Ananas-Minze *(Mentha rotundifolia variegata)* Eine wohlriechende Minze, die auch für Getränke verwendet wird.
Bowles-Minze (*Mentha rotundifolia* var. Bowles) Hat dicke, fleischige Blätter und eignet sich hervorragend für Minzesauce. Eine robuste Sorte.
Echte Pfefferminze *(Mentha piperita)* Wird für Tee und kommerziell zur Destillierung von Pfefferminzöl verwendet.
Grüne Minze *(Mentha spicata* oder *M. crispa* oder *M. viridis)* Sehr ausdauernd. Wird hauptsächlich in Gärten kultiviert. Das Öl wird zur Aromatisierung von Kaugummi verwendet.
Pfefferminze *(Mentha piperita officinalis)* Wird ebenso verwendet wie die Echte Pfefferminze.
Polei-Minze *(Mentha pulegium)* Wird medizinisch zur Milderung depressiver Zustände angewendet. Einst „reinigte" man Wasser damit.
Zitronen-Minze *(Mentha citrata)* Wohlriechende Minzeart, die in Parfüms, Potpourris und Getränken verwendet wird.

Mistel *(Viscum album)* Ein immergrüner Halbschmarotzer, der auf den Ästen laubwerfender Bäume gedeiht. Wurzeln, die vom gelbgrünen Stengel ausgehen, dringen in das Holz des Wirts ein. Ledrige Blätter, gelbgrün und oval; blaßgelbe oder grüne Blüten; klebrige weiße Früchte. Wirkt blutdrucksenkend; große Dosen sind schädlich. Der Tee kann als Waschung bei Frostbeulen verwendet werden.

Muskatnußbaum, Duftender *(Myristica fragrans)* Die Muskatblüte ist der Samenmantel (Arillus), die Muskatnuß die Frucht. Tropischer immergrüner Baum, der auf den Westindischen Inseln, in Indonesien und Südamerika gedeiht.
In der Küche werden Blüte und Nuß als Gewürz verwendet.
In der Medizin Anwendung als Droge ähnlich wie Marihuana; schon der Genuß von zwei Muskatnüssen kann tödlich sein.

Mutterkraut *(Chrysanthemum parthenicum)* 50 cm. Gänseblümchenähnliche Blüten mit gelber Mitte und weißen Zungen; tief eingeschnittene gelblichgrüne Blätter; runder, laubreicher, verzweigter Stengel. Gedeiht wild in Hecken und auf Böschungen; kann auch kultiviert werden.
Medizinisch war es einst beliebt in Aufgüssen gegen Verdauungsstörungen, Erkältungen und Delirium tremens. Blüten als Abführmittel.

Myrrhenkerbel siehe Süßdolde

Nabelkraut siehe Venusnabel

Narde, Indische *(Nardostachys jatamansi)* Von dieser indischen Art stammt das kostbare Parfüm.
Es gibt noch mehr Narden, die jedoch anderen Arten angehören. Ihre Blütenähren werden gesammelt und in der Parfümindustrie verwendet.

Natternkopf *(Echium vulgare)* 1 m. Rote und blaue Blüten Juni bis August; Blätter schmal und rauh mit steifen Haaren wie die ganze Pflanze; Stengel unverzweigt. Gedeiht am Straßenrand, an der See und auf trockenen Weiden.
Die gesamte Pflanze wurde einst medizinisch als harntreibendes und schleimlösendes Mittel verwendet.

Natternzunge *(Ophioglossum vulgatum)* Ein Farn mit einem Blatt, das sich öffnet und eine grünlichgelbe, genau wie eine Natternzunge aussehende gekerbte Blütenähre enthüllt. Erscheint an feuchten Orten im zeitigen Frühjahr; man fin-

det sie im April oder Mai; welkt bei Hitze.
Knolle und Blatt werden medizinisch verwendet als Umschlag bei Hautkrankheiten und innerlich als Brechmittel.

Nelkenpfeffer *(Pimenta officinalis)* 7 bis 13 m hoher Baum, kleine Blüten in Ständen; ledrige, längliche Blätter. Mittel- und Südamerika. Die Frucht ist eine fleischige, süße, in reifem Zustand schwärzlichpurpurne Beere. Medizinische Verwendung der getrockneten, gemahlenen Beere als Abführmittel und Stimulans. Aromatisch.

Nelkenwurz, Echte oder **Gemeine Nelkenwurz** *(Geum urbanum)* Bis zu 30 cm. Gelbe Blüten mit fünf Blütenblättern; behaarter, aufrechter Stengel. Kommt in Rainhecken und Laubwäldern vor. Wurde im 16. Jahrhundert als Topfpflanze kultiviert.
Wurzelextrakt wurde zur Beschleunigung der Verdauung verwendet, Blüten als Mundwasser. Man hielt die Pflanze einst für mottenabweisend.
In der Küche Verwendung in Brühen und Suppen.

Odermennig, Gemeiner *(Agrimonia empatora)* 30 bis 40 cm. Die gelben, sternförmigen Blüten haben einen Aprikosenduft und bilden eine Ähre; die langen, gefiederten Blätter sind oben grün, unten grau, mit kleinen Haaren bedeckt und sitzen direkt am Stengel. Medizinische Verwendung der Blüten einst in Form von Tee als Mundwasser gegen Entzündungen des Mundes; wurde gelegentlich für Krankheiten der Gallenblase empfohlen.

Ölbaum oder **Olivenbaum** *(Olea europae)* Immergrüner, am Mittelmeer heimischer Baum, der aber auch in anderen subtropischen Regionen kultiviert wird. Graugrüne Rinde, ledrige Blätter; reife Früchte glänzendschwarz.
In der Küche Verwendung der ganzen Früchte oder des Öls.
In der Medizin wird das Öl innerlich als Abführmittel, äußerlich bei Verbrennungen angewendet. Absud der Blätter oder inneren Rinde wirksam gegen Fieber.

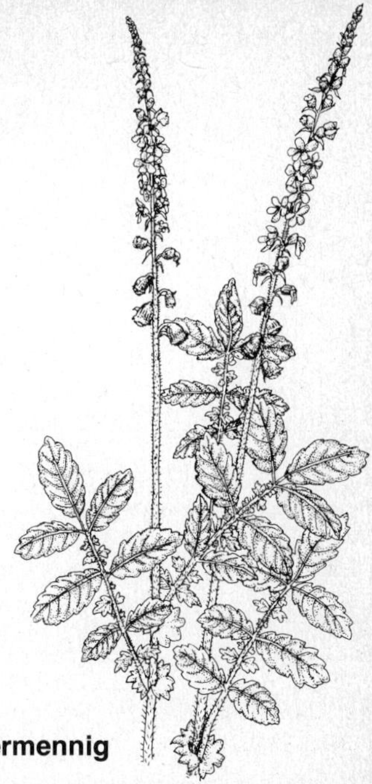

Odermennig

Olivenbaum siehe Ölbaum

Päonie siehe Pfingstrose

Paprika *(Capsicum frutescens)* Ein weiterer Capsicum-Strauch (vgl. Cayennepfeffer). Er trägt die größte und mildeste Frucht, die gemahlen und hauptsächlich zur Garnierung von Speisen verwendet wird.

Pestwurz *(Petasites vulgaris)* Der etwa 30 cm hohe Stengel erscheint im Januar; die mattlila Blüten öffnen sich im Spätwinter. Ihnen folgen die nierenförmigen, unten helleren Blätter von 30 bis 150 cm Durchmesser.
Ein Absud aus dem Rhizom wurde einst als Stimulans angewendet.

Petersilie *(Petroselinum hortense)* Es gibt eine Anzahl verschiedener Formen: krause, glatte, knollige, französische, italienische usw. Wird überall kultiviert, läßt sich leicht anbauen, doch dauert die Keimung manchmal lange.
Die Verwendung in der Küche ist vielfältig; man kocht sie mit oder nimmt sie roh, vor allem zu pikanten Speisen.
Petersilie ist reich an Vitamin A, B und C und enthält viele Mineralien. Angeblich regt sie die Verdauungsdrüsen an und unterstützt das gesamte Verdauungssystem.

Pfeffer *(Piper nigrum)* Diese sind die getrockneten Früchte dieser tropischen Schlingpflanze. Der schwarze Pfeffer stammt von unreifen Früchten, die getrocknet und gebeizt werden, der weiße von getrockneten reifen Früchten, deren dunkle Fruchthaut entfernt wird. Weißer Pfeffer ist schwächer als schwarzer, dafür aber feiner und aromatischer im Geschmack.

Pfeilwurz, Schilfartige *(Maranta arundicea)* 2 m. Weiße Blüten; Blätter mit langer, schmaler Scheide und breiter Spreite; schlanker, reichverzweigter Stengel; kriechender Wurzelstock mit fleischigen Knollen. Gedeiht in den Tropen, vor allem auf den Westindischen Inseln und in Guayana.
Anbau hauptsächlich wegen des hohen Anteils eßbarer Stärke in den fleischigen Knollen. Medizinische Verwendung der Stärke heute in Mitteln zur Magenberuhigung und zur Behebung von Brechreiz.

Pfingstrose

Pfingstrose oder **Päonie** *(Paeonia officinalis)* 70 bis 100 cm. Große einzelne rote oder rötlichpurpurne Blüten; grüner, saftiger Stengel; knollige Wurzeln. Gedeiht wild in Südeuropa, wird anderswo kultiviert.
Die Wurzel wurde gegen Gelbsucht, Nieren- und Gallenblasenbeschwerden angewendet. Die ganze Pflanze ist giftig, vor allem die Blüten!

Pinangpalme siehe Betelpalme

Pomeranze *(Citrus aurantium)* Dies ist der immergrüne Orangenbaum, der in

subtropischen Gebieten kultiviert wird und bittere Früchte trägt, die jedoch für Marmelade geeignet sind.
Verwendung von Schale und Blüten als Stärkungs- und Anregungsmittel sowie zur Herstellung von Parfüm.

Rainfarn *(Tanacetum vulgare)* 30 bis 150 cm. Goldgelbe Blüten in flachen Doldenrispen; glatte dunkelgrüne, doppelt fiederspaltige Blätter. Bräunlichpurpurner Stengel. Wird kultiviert, kommt aber auch wild vor.
Kann schon bei äußerlicher Anwendung giftig wirken. Wurde von den Indianern in Form von Tee als Abtreibmittel angewandt.

Ringelblume *(Calendula officinalis)* 30 bis 70 cm. Große gelbe oder orange Blüten. Behaarte Blätter mit weit auseinanderliegenden Zähnen. Läßt sich im Garten leicht kultivieren und ist überall anzutreffen.
Medizinische Verwendung der Blätter und Blüten angeblich wohltuend bei Magen- und Darmbeschwerden oder als Wundsalbe.
In der Küche zur geschmacklichen Verbesserung von Schmorgerichten usw.; auch in Salaten. Sowohl Blüten als auch Blätter können verwendet werden.

Rosmarin *(Rosmarinus officinalis)* Bis zu 1,50 m. Zarte blaue Blüten in Trauben; saftige Blätter, schmal wie Kiefernnadeln, die oben grün und unten graugrün sind. Holziger Stamm mit vielen Zweigen. Es gibt mehrere Sorten von unterschiedlicher Größe. Läßt sich am besten auf leichtem, sandigem, vorzugsweise kalkhaltigem Boden kultivieren.
In der Medizin hielt man den Tee für wohltuend bei schwacher Verdauung und neuralgischen Schmerzen; auch regt er den Kreislauf an.

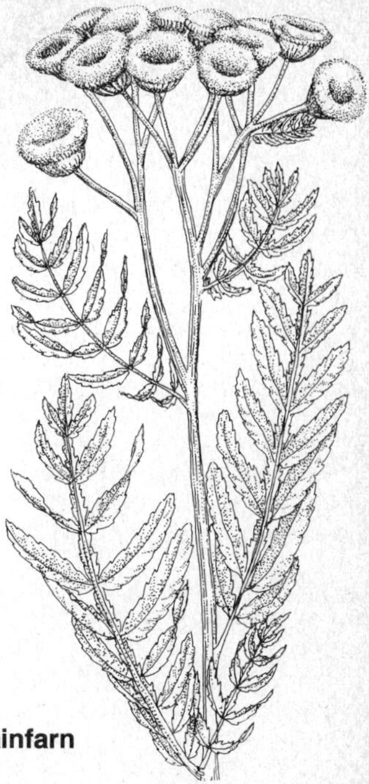

Rainfarn

In der Küche wird er in einer großen Vielfalt von Speisen verwendet, darunter Suppen, Schmorgerichte, Fleisch und Fisch; besonders beliebt ist er wegen seines Wohlgeruchs.

Roßkastanie *(Aesculus hippocastanum)* Ein weitverbreiteter Baum, dessen Früchte die bekannten Kastanien sind.
Medizinische Präparate aus den Früchten sind wichtig für die Behandlung von Krampfadern und Hämorrhoiden; sie sind nur auf Rezept erhältlich. Blüten und Rinde werden ebenfalls verwendet.

Rotklee oder **Wiesenklee** *(Trifolium pratense)* Bis zu 70 cm. Rötlichpurpurne, runde Blütenköpfe, ovale Blättchen mit

ausgeprägten weißen Bändern, rötlicher Stengel. Kommt oft wild vor, wird aber auch angebaut, vor allem als Viehfutter.
Tee aus den Blüten wurde bei Verstopfung und Appetitlosigkeit angewandt. Umschlag aus der Pflanze bei Hautproblemen.

Rüstestaude oder **Mädesüß** *(Filipendula ulmaria)* 70 bis 120 cm. Kleine gelblichweiße oder rötliche Blüten; drei- oder fünfgeteilte Endblättchen; rötlicher, eckiger, nahe der Spitze verzweigter Stengel. Kommt häufig auf feuchten Wiesen vor.
Medizinische Verwendung der gesamten Pflanze, die Salizylsäure enthält; wirksam bei Influenza, Gicht, Rheumatismus usw. Es wird berichtet, der Tee sei gut gegen Wassersucht, Blasen- und Nierenleiden.

Ruprechtskraut siehe Storchschnabel, Stinkender

Safran *(Crocus sativus)* 30 bis 70 cm. Röhrenförmige violette Blüten, die zusammen mit graugrünen Blättern aus der Zwiebel sprießen. Die Blätter haben einen behaarten Rand und wachsen zur Höhe der gesamten Pflanze heran. Wird in großem Umfang angebaut.
Medizinische Verwendung der Narben gegen Husten, Kolik und Schlaflosigkeit, aber nur in geringen Dosen. Verwendung selten, da sehr teuer. Kann sehr giftig sein.
Verwendung kultivierter Blüten hauptsächlich in der Farbstoff- und Parfümherstellung sowie in der Küche, doch schränken die hohen Kosten den Gebrauch ein.

Salbei *(Salvia officinalis)* 60 cm. Violette Blüten, ausdauernde graugrüne Blätter mit gesägtem Rand; kräftiger, holziger Stengel, ein Halbstrauch. Kommt in Südeuropa wild vor, wird jedoch meist kultiviert.
Die Verwendung in der Küche ist weitgehend. Sollte wegen seines starken Aromas sparsam verwendet werden; unterstützt die Verdauung.
In der Medizin wurde Salbeitee zum Gurgeln verwendet; angeblich verringert er die Transpiration. Längerer Gebrauch kann giftig wirken. Dampfbäder mit Salbeizusatz haben kosmetische Eigenschaften.

Samtpappel siehe Eibisch, Echter

Sauerampfer

Sauerampfer *(Rumex acetosa)* 60 cm. Schlanke Pflanze mit saftigen Stengeln und Blättern und lockeren Ständen rötlichgrüner Blüten. Die Blätter sind länglich, an der Basis leicht pfeilförmig und fleischig. Kommt häufig auf feuchten Wiesen und am Straßenrand vor. Weitere Arten, alle mit dem gleichen Geschmack.
In der Küche verwendet man die frischen jungen Blätter gekocht, möglichst mit anderen Gemüsen kombiniert. Besonders gut für Suppe.
Eine wichtige Quelle für Vitamin C. Große Mengen können die Nieren reizen und zu leichter Vergiftung führen.

Sauerdorn oder **Berberitze** *(Berberis vulgaris)* Kleine gelbe Blüten April-Juni, die in Trauben von den Zweigen hängen. Leuchtendrote, längliche Beeren; rötliche junge Triebe, die sich im Alter schmutziggrau färben. Wurzel gelb, Rinde bitter.
Die Wurzelrinde wurde einst zur Behandlung der Leber verwendet; der frische Saft reifer Beeren soll, direkt aufgetragen, gut für das Zahnfleisch sein.

Schafgarbe, Gemeine *(Achillea millefolium)* 30 bis 70 cm. Die Blüten haben weiße Außenblütchen und eine gelbe Mitte; sie bilden große Dolden an der Spitze kräftiger, glatter, runder Stengel. Man findet sie oft auf Ödland, wo sie farbige Akzente setzen.
Medizinische Verwendung eines Tees aus der ganzen Pflanze gegen Appetitlosigkeit und Leberbeschwerden; wohlbekannte wundheilende Wirkung. Frischer Saft hat angeblich anregende Wirkung. Übermäßiger Gebrauch kann die Haut lichtempfindlich machen.

Schierling, Gefleckter *(Conium maculatum)* 50 bis 200 cm. Große Dolden kleiner weißer Blüten, graugrüne Früchte; glatter, purpurn gefleckter, oben verzweigter Stengel. Kommt auf Ödland aller Art vor.
Alle Teile dieses Krauts sind stark giftig. Wurde in klassischer Zeit zur Hinrichtung von Verbrechern verwendet. Gefährlich.

Schlafmohn *(Papaver somniferum)* Bis zu 50 cm. Einfache Stengel mit endständigen weißen und lilafarbenen Blüten. Die direkt am Stengel sitzenden Blätter sind runzelig. Bauchige Kapselfrucht. Gedeiht wild und wird im Umkreis des Mittelmeers kultiviert.
In der Medizin Verwendung der milchigen Samenflüssigkeit, aus der Opium und verwandte Drogen, z.B. Codein, gewonnen werden. Alle haben eine starke schmerzlindernde Wirkung, vor allem das Morphin. Die gesamte Produktion wird international gesetzlich kontrolliert.

Schlangenknöterich siehe Wiesenknöterich

Schlehe siehe Schwarzdorn

Schlüsselblume, Duftende, siehe Wiesenschlüsselblume

Schnittlauch *(Allium schoenoprasum)* 10 bis 24 cm. Grasähnliche, zylindrische Blätter; kugelige blaßlila Blütenköpfchen, falls man die Blüte zuläßt; winzige Zwiebeln. Es handelt sich um eine kleine Zwiebel (siehe Frühlings-Zwiebel), die jedoch zeitiger im Jahr verfügbar ist. Drinnen und draußen leicht zu kultivieren, bevorzugt jedoch Feuchtigkeit. Im Anbau fast das dankbarste Kraut.
Verleiht Speisen einen milden Zwiebelgeschmack und läßt sich in der Küche außerordentlich vielfältig verwenden.

Schöllkraut *(Chelidonium maius)* 50 bis

150 cm. Leuchtendgelbe Blüten mit vier Kronblättern in lockeren Ständen; gelappte Blättchen; hohler Stengel mit verdickten Gelenkknoten; zylindrische rotbraune Wurzel. Die Pflanze enthält einen orangegelben Saft, der sich an der Luft rot färbt.
Saft wurde einst als mildes Beruhigungsmittel für das zentrale Nervensystem, zur Schmerzlinderung, zur Hebung des Blutdrucks sowie für Gallenblasenbeschwerden verwendet. Der frische Saft wird zur Entfernung von Warzen benutzt.

Schwarzdorn oder **Schlehe** *(Prunus spinosa)* 3 bis 4 m. Baum oder Strauch, oft als Zierpflanze kultiviert. Kleine weiße Blüten erscheinen in großer Fülle im März-April. Kleine Blätter und sehr dornige Zweige. Gedeiht in Rainhecken und am Waldrand.
Medizinische Anwendung des Blütentees als harmloses Abführmittel; regt auch den Appetit an.
In der Küche Verwendung der Früchte in Marmelade; ein gutes Abführmittel für Kinder.

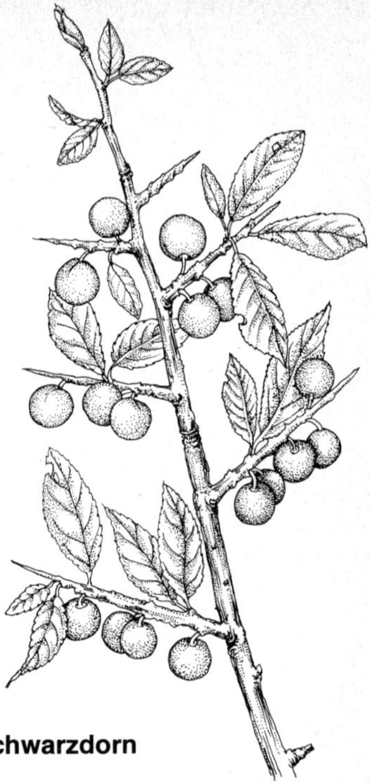

Schwarzdorn

Schwarzwurz oder **Beinwell** *(Symphytum officinale)* 60 bis 100 cm. Rahmweiße oder purpurne, glockenförmige Blüten; große, behaarte Blätter mit welligem Rand; behaarte Stengel. Die Wurzel ist schwarz. Gedeiht an feuchten Orten an Wasserläufen.
Medizinische Verwendung der Wurzel als Absud; wertvoll als allgemeines Tonikum für Knochen und Sehnen. Es wird behauptet, es lindere bei langem Gebrauch rheumatische Schmerzen. In Bädern soll die Wurzel gut für die Haut sein und in Umschlägen gegen Prellungen und Insektenstiche.

Sellerie *(Apium graveolens)* 30 bis 100 cm. Bekannte Gemüsepflanze; weiße Blüten; die Blättchen entspringen einem eckigen, gefurchten und verzweigten Stengel; fleischige, knollige Wurzel. Kommt wild an feuchten Orten in Meeresnähe vor und läßt sich leicht im Garten kultivieren.
In der Küche Verwendung in Suppen, Saucen und Eintopfgerichten; verleiht kräftigen Geschmack, wenn im letzten Augenblick zugefügt. Der Saft wurde zur Behandlung von Appetitlosigkeit verwendet, wie auch zur Förderung der Menstruation. Wurde für klärend bei Hautproblemen gehalten und ist daher empfehlenswert in Salaten und als Tee.

Schwarzwurz

Senf – Schwarzer Senf *(Brassica nigra)* **Weißer Senf** *(Brassica hirta)* Beide haben gelbe Blüten und Schoten mit Samen. Der schwarze Senf ist höher (bis zu 2 m) als der weiße Senf (1 m); beide haben kantige, verzweigte Stengel.
In der Medizin wurden die Samen zur Behandlung von Rheumatismus und verschiedenen inneren Entzündungen verwendet. Unverdünntes Öl ist schädlich für die Haut.
In der Küche wird daraus die bekannte Würze zubereitet.

Sennesstrauch siehe *Kassie*

Sesamsamen *(Sesamum indicum)* Die Samen einer Pflanze, die in tropischen und subtropischen Regionen gedeiht. Viele Sorten. Eine der ersten, von Menschen angebauten Ölfrüchte. Die Samen enthalten 45 bis 63% eßbares Öl und 16 bis 32% Eiweiß.
In der Küche Verwendung des Öls in Salaten, zum Kochen und zur Herstellung von Margarine.

Silberweide *(Salix alba)* Die bekannte Baumform der Weide.
In der Medizin ist die Verwendung der Rinde zur Schmerzlinderung und Fiebersenkung seit zweitausend Jahren bekannt. Die Rinde wird im Frühjahr gesammelt und in Wasser eingeweicht.

Singrün siehe Immergrün

Sonnentau, Rundblättriger *(Drosera rotundifolia)* Bis zu 30 cm. Kleine weiße oder rosa Blüten. Nackter Blütenstengel, Basalrosette aus fast runden rötlichen Blättern; diese scheiden eine Flüssigkeit aus, in der sich Insekten fangen. Gedeiht an feuchten Orten wie Mooren und in der Wildnis allgemein.
Medizinische Verwendung gegen Krankheiten der Luftwege und Brust einschließlich Husten, Asthma und Bronchitis. Die Pflanze enthält ein Antibiotikum, das gegen Streptokokkus wirkt.
Wird nur in kleinen Mengen verwendet, da er Reizstoffe enthält.

Stabwurz *(Artemisia abrotanum)* Dies ist ein viel ungefährlicheres Kraut als der verwandte Echte Wermut (s. dort), dem es bis auf die gelblichweißen Blüten stark ähnelt.

Stechpalme, Gemeine *(Ilex aquifolium)* Häufiger Baum oder Strauch mit glänzenden, lederigen, dornig gezähnten Blättern und leuchtendroten Früchten.
Medizinische Verwendung der Blätter

nicht allgemein üblich; sie wurden jedoch einst als wohltuend bei Gicht, Rheumatismus und Arthritis angesehen. Die Früchte sind leicht giftig und gefährlich für Kinder.

Stechpalme, Nordamerikanische *(Ilex vomitoria)* (Yaupon-Baum) Kleiner immergrüner Baum oder Strauch; weißlichgraue Rinde, lederige Blätter. Die Blätter wurden für Tee als mildes Stimulans und in stärkerer Form als Narkotikum verwendet. Die Früchte sind giftig. Die Indianer Nordamerikas tranken bei religiösen Feierlichkeiten einen „Appalachentee" genannten Aufguß.

Storchschnabel, Stinkender oder **Ruprechtskraut** *(Geranium robertianum)* 30 bis 70 cm. Rötlichpurpurne oder rosa Blüten; die Kelchblätter haben lange Fortsätze. Der rötliche, behaarte Stengel ist dick, saftig und verzweigt. Gedeiht in Gebirgswäldern.
Medizinisch wurde das Kraut gegen Diarrhö, Darmkatarrh und Gicht verwendet, ein heißer Umschlag aus gekochten Blättern bei Prellungen und Hautproblemen.

Strychninbaum siehe Brechnuß

Süßdolde oder **Myrrhenkerbel** *(Myrrhis odorata)* 60 bis 90 cm und höher. Weiße Blüten in flaumigen Dolden. Große hellgrüne Blätter, süßes und hocharomatisches Laub. Leicht zu kultivieren, breitet sich bald üppig aus.
In der Küche Verwendung zur Verbesserung von Kräutermischungen, als Zutat zu Salatsaucen, Suppen, Wurzelgemüse und Kohl. Die Wurzeln kann man kochen und essen. Verringert Säure bei Obst.

Süßholz *(Glyzirrhiza glabra)* 30 bis 70 cm. Trauben gelblicher oder purpurähnlicher Blüten; ovale dunkelgrüne Blättchen; unten runder, weiter oben jedoch eckiger Trieb. Holzige, runzelige Wurzel mit süßem Geschmack. Wird gelegentlich kultiviert, kommt jedoch oft wild vor.
Medizinische Verwendung der Wurzel bei Bronchialbeschwerden, Schleimansammlung sowie als althergebrachtes Mittel gegen Magenbeschwerden. Ein starker Absud ist ein gutes Abführmittel für Kinder. Wird in anderen Medikamenten beigefügt, um sie wohlschmeckender zu machen.
Verwendung in der Süßwarenindustrie; Kinder kauen die Wurzel gern.

Tausendgüldenkraut *(Centaurium confertum/umbellatum)* 15 bis 50 cm. Die rosafarbenen, trichterförmigen Blüten erscheinen Juni-September. Blätter an der Basis als Rosette, weiter oben länglich. Stengel eckig, im Alter hohl und an der Spitze verzweigt. Die Blüten wurden einst medizinisch gegen viele Beschwerden verwendet, vor allem zur Unterstützung der Verdauung und als Hautwasser bei Hautproblemen. Der Tee wurde bei sitzender Lebensweise empfohlen.

Thymian – Echter Thymian *(Thymus vulgaris)*, **Zitronen-Thymian** *(Thymus citriodorus)* Es gibt weitere Arten, aber dies sind die beiden wichtigsten. Beide sind niedrige Büsche von 10 bis 30 cm mit blaßlila Blüten. Die Blätter sind klein; der Zitronen-Thymian hat breitere Blätter und einen ausgeprägten Zitronenduft. An einem gut dränierten, sonnigen Ort lassen sie sich leicht kultivieren.
In der Küche paßt das warme, gewürznelkenähnliche Aroma zu einer großen Vielfalt von Speisen. Bei zu reichlicher Verwendung leidet jedoch der Geschmack anderer Kräuter.

In der Medizin wird der Tee bei Husten und Erkältung angewendet. Übermäßiger Gebrauch kann giftige Wirkungen haben.

Tollkirsche *(Atropa belladonna)* Bis zu 1,50 m. Glockenförmige mattbraune bis dunkelpurpurne Einzelblüten. Aufrechter, mit Blättern besetzter, oft dreifach verzweigter Stengel; fleischiges, kriechendes weißliches Rhizom. Die Frucht ist eine schwarze, glänzende, kirschgroße Beere. Kommt auf Weiden und Ödland vor.
Medizinische Anwendung nur nach ärztlicher Vorschrift; die narkotische Wirkung kann zu Lähmung und Tod führen.

Torfmoos *(Sphagnum)* Der Hauptbestandteil von Torfmooren. Medizinische Verwendung als reinigender und heilender Wundverband.

Tüpfel-Hartheu siehe Tüpfel-Johanniskraut

Tüpfel-Johanniskraut oder **Tüpfel-Hartheu** *(Hypericum perforatum)* 30 bis 70 cm. Gelbe Blüten in flachen Trugdolden; Blütenblätter am Rand schwarz gepunktet. Die länglichen, schmalen Blätter sind mit durchsichtigen Öldrüsen bedeckt, die wie Löcher aussehen. Runde Stengel mit Ausläufern an der Basis. Eine strauchige Pflanze mit terpentinähnlichem Geruch. Kommt im allgemeinen auf trockenem, kiesigem Boden vor.
Medizinische Verwendung der ganzen Pflanze zur Behandlung von Wunden; alle guten Kräutersalben enthalten Johanniskrautöl. Ölextrakt gegen Magen- und Darmbeschwerden. Gelegentlich Vergiftungen bei Vieh.

Turnera, Liebreizende *(Turnera aphrodisiaca)* Kleiner, in Texas und Nord-Mexiko heimischer Strauch; die Blätter sind in Kräuterhandlungen erhältlich.
Medizinische Verwendung als Abführ- und Stärkungsmittel. Angeblich günstig bei nervöser und sexueller Schwäche, daher im Ruf aphrodisischer Eigenschaften.

Vanille *(Vanilla planifolia)* Die langen Schoten einer tropischen Liane liefern das Gewürz. Zuvor werden die Schoten sechs Monate fermentiert und getrocknet. Für den Extrakt zerdrückt man sie in Alkohol.

Veilchen, Wohlriechendes oder **Märzveilchen** *(Viola odorata)* Das bekannte wilde Veilchen mit violetten, weißen, gelben oder rosa Blüten, Blättern an der Basis und Ausläufern, die sich über den Boden erstrecken. Gedeiht wild in Rainhekken und am Waldrand.
In der Medizin wird die ganze Pflanze für einen Tee verwendet, der als linderndes Mundwasser dient. Tee oder Sirup aus Blüten und Rhizom als Hustenmedizin.

Veilchenwurzel siehe Florentiner Schwertlilie

Venusnabel oder **Nabelkraut** *(Umbilicum silvestris, Cotyledon umbilicus)* 15 cm. Grünlichweiße Blüten, die Glockenblumen ähnlich sehen, an hohlen Blütenstengeln. Blaßgrüne, herzförmige Blätter. Gedeiht in Felsspalten und auf Mauern.
Die ganze Pflanze wurde zur Herstellung eines Adstringens und zur Unterstützung der Funktion von Leber und Nieren verwendet.

Vogelmiere oder **Hühnerdarm** *(Stellaria media)* 10 bis 30 cm. Kleine weiße Blüten; glatte, eiförmige, scharf zuge-

spitzte Blätter; niederliegende, spröde Stengel. Ein gewöhnliches Unkraut, das überall auf der Welt in Gärten und auf Ödland vorkommt.
In der Küche Verwendung wie Spinat. Frische, zerdrückte Blätter sollen angeblich Prellungen heilen.

Vogelmiere

Wacholder, Heidewacholder *(Juniperus communis)* Kleiner, anmutiger immergrüner Strauch bis zu 3,50 m. Nadelähnliche Blätter, rötliche Triebe, kleine gelbe Blüten und blaue Früchte, die zwei bis drei Jahre zum Reifen benötigen. Wird oft in alten Gärten angetroffen, kann aber auch kultiviert werden. Die Früchte, die wertvolle Öle enthalten, wurden zur Appetitanregung und Lösung von Schleim verwendet.
In der Küche Verwendung für Konserven und Tee. Auch zur Aromatisierung von Gin und Likören.

Wald-Geißblatt *(Lonicera periclymenum)* Kriechender Trieb von 3 bis 7 m. Gelbe, rot getönte, nektarreiche Blüten mit süßem Duft; zähe Stengel, paarige Blätter. Kommt häufig in Hecken vor, wird auch an Hauswänden emporgezogen.
In der Küche Verwendung der Blüten zur Herstellung von Sirup; sie können auch roh gegessen werden und schmecken süß.
Wurde als Herztonikum verwendet, aber auch bei Katarrh, Erkältungen und Drüsenleiden.

Waldmeister, Wohlriechender *(Asperula odorata)* 15 bis 30 cm. Weiße, sternförmige Blüten, Quirle dunkelgrüner Blätter, die leicht glänzen und von winzigen, nach vorn weisenden Stacheln umgeben sind. Gedeiht wild und kann in einer geeigneten Umgebung kultiviert werden.
In der Küche Verwendung der Blätter, um Getränke zu aromatisieren und zum Moussieren zu bringen.
Medizinische Verwendung des Tees als Stimulans.

Wegerich (Breitwegerich, *Plantago major;* Spitzwegerich, *P. lanceolata*) Beide tragen Ähren grünlichweißer Blüten, die beim Spitzwegerich kürzer sind. Auch die Blätter – bei der ersten Art oval und bei der zweiten lanzettförmig – sind völlig verschieden. Beide werden etwa 50 cm hoch, der Spitzwegerich kann aber auch die doppelte Höhe erreichen.
Die ganze Pflanze wurde als Adstringens, zur Schmerzlinderung und gegen Nierenbeschwerden verwendet.

In der Küche werden die Blätter wie Spinat zubereitet; man kann sie auch roh essen, sie sind jedoch ziemlich bitter.

Wegwarte *(Cichorium intybus)* 1 m. Hellblaue bis blauviolette Blütenköpfchen Juli bis Oktober; lanzenähnliche, grob gezähnte Blätter; aufrechter, eckiger, verzweigter Stengel. Gelbe Wurzel. Die Pflanze enthält einen bitteren, milchigen Saft. Wird angebaut und kommt wild in nährstoffreichen Grasgebieten gemäßigter Regionen vor. Verwendung in der Küche gekocht oder roh in Salaten.
Es wurde behauptet, der Saft der Blätter, für ein Getränk verwendet, sei der Produktion der Galle, der Befreiung von Gallensteinen und der Ausscheidung übermäßigen inneren Schleims förderlich.

Weißdorn *(Crataegus monogyna)* Bekannter Strauch oder Baum mit dornigen Zweigen. Weiße Blüten und rote Früchte.
In der pharmazeutischen Industrie Verwendung der Blüten und Früchte in Medikamenten gegen Beschwerden des Herzens und der Nerven. Wohltuende Wirkung in der Weiterbehandlung nach Schlaganfällen.
In der Küche Verwendung der Blätter als Ersatz für orientalischen Tee.

Wermut, Echter *(Artemisia absinthum)* 60 bis 120 cm. Zahlreiche gelbgrüne, strahlenlose Blütenköpfchen. Buschige Triebe; Blätter mit langen, eingerollten Lappen. Gedeiht wild an Straßenrändern.
Medizinische Verwendung des Blüten- und Blattöls als Herzstimulans und Wurmmittel; Tee lindert Wehenschmerzen. Reines Öl ist Gift und sollte mit Vorsicht verwendet werden.

Wermut, Wilder oder **Gemeiner Beifuß** *(Artemisia vulgaris)* 60 bis 120 cm. Purpurne oder mattgelbe Blütenköpfchen. Dunkle, auf der Unterseite weiße, gelappte Blätter. Stengel rötlichpurpurn, Wurzel holzig. Gedeiht auf Ödland und am Straßenrand. Läßt sich auf jedem Boden leicht kultivieren.
In der Küche Verwendung als aromatisches Kraut in Salaten und zum Würzen von Fisch und Fleisch.
Medizinisch wurde er gegen chronischen Durchfall und bei Diabetes verwendet. Ergibt ein linderndes Fußbad.

Wiesenklee siehe Rotklee

Wiesenknopf, Kleiner *(Sanguisorba minor)* Die Blüten haben keine Blütenkronen und bilden eine purpurähnliche Ähre; grob gezähnte Blättchen in Paaren an schlanken Stengeln. Kräftige Wurzel. Häufig auf grasbewachsenen Flächen auf Kalk.
In der Küche Verwendung der Blätter in Salaten; nußartiges Gurkenaroma; anstelle von Petersilie verwendbar. Selbstangebaute Blätter sind vorzuziehen.

Wiesenknöterich oder **Schlangenknöterich** *(Polygonum bistorta)* Bis zu 1 m. Rote bis rosa Blüten in ährenförmigen Blütenständen. Bläulichgrüne Grundblätter und ein paar höher sitzende, spitz zulaufende Blätter am langen, schmalen Stengel. Das Rhizom ist dick, knotig und S-förmig gewunden. Gedeiht in feuchten Bergregionen. Wurzelabsud wurde einst gegen Diarrhö sowie Infektionen des Mundes verwendet.

Wiesenschlüsselblume *(Primula officinalis* oder *Primula veris)* 10 bis 25 cm. Röhrenförmige gelbe Blüten; Rosette aus ovalen, fein gekerbten Blättern. Gedeiht in Gärten und vielfach wild.

In der Medizin wurden Aufgüsse aus den Blüten oft gegen allgemeine Kopfschmerzen, Schlaflosigkeit und nervöse Beschwerden verwendet, das Öl der Blätter dagegen bei Hautproblemen.
In der Küche gibt man die Blüten auf Kalbsbraten.

Wundklee *(Anthyllis vulneraria)* 20 bis 40 cm. Gelbe Blüten in kleeähnlichen Köpfen. Blättchen an aufrechten Stengeln. Kommt wild auf kalkhaltigen Böden vor.
Blühende Triebe sind für Aufgüsse zur Waschung von Wunden sowie als milder Abführtee verwendet worden.

Yaupon-Baum siehe Stechpalme, Nordamerikanische

Ysop *(Hyssopum officinale)* Buschige immergrüne Pflanze mit mehreren, an der Basis holzigen, flaumigen Stengeln; rosa bis bläulichpurpurne Blüten. Kommt heute hauptsächlich als Zierpflanze vor, wurde einst jedoch in großem Umfang für medizinische Zwecke angebaut.
In der Medizin Verwendung gegen eine Vielzahl von Beschwerden; ein großartiges Reinigungsmittel (Bibel: „Reinige mich mit Ysopöl"). Legen Sie zerdrückte Blätter auf Wunden, um Infektionen zu verhindern und die Heilung zu beschleunigen.

Zaubernuß *(Hamamelis virginiana)* Laubwerfender Strauch oder kleiner Baum, der vor allem in Nordamerika gedeiht.
Medizinische Verwendung von Rinde und Blättern für die bekannten Mittel, die innerlich und äußerlich antiseptisch und allgemein heilend wirken. In den meisten Drogerien erhältlich.

Zaunrübe, Weiße *(Bryonia alba)* 3 m. Kleine grünlichweiße oder gelbliche Blüten Juni bis August; stacheliger Stengel mit spiralförmigen Kletterranken. Die schmutzigweiße, fleischige Wurzel enthält einen milchigen Saft. Kann auf feuchtem Boden kultiviert werden, kommt aber auch wild vor. Die Wurzel wurde einst als starkes Abführmittel verwendet, ist jedoch sehr giftig, ebenso wie die Beeren. Gefährlich!

Zimtbaum *(Cinnamomum ceylanicum)* Kleiner tropischer immergrüner Baum, der hauptsächlich in Sri Lanka und Indien vorkommt. Die Rinde wird abgeschält, getrocknet und gemahlen.
Verwendung in der Küche zum Würzen von Getränken, Obst und Backwaren.

Zitronenstrauch *(Lippia citriodora)* 30 bis 60 cm. Gelblichgrüne, auf der Oberseite glänzende Blätter und blaßlila Blüten in langen, flaumigen Rispen. Läßt sich kultivieren, ist jedoch recht kälteempfindlich.
In der Küche Verwendung der zitronenduftenden Blätter in Fruchtgetränken und Salaten. In Spanien wird daraus ein duftender Tee zubereitet.

Register der lateinischen Namen

Elettaria cardamomum, Kardamompflanze
Equisetum arvense, Ackerschachtelhalm
Ephedra sinica, Ephedra
Erythroxylum coca, Kokastrauch
Eucalyptus globulus, Eukalyptusbaum
Euphrasia officinalis, Augentrost, Aufrechter
Filipendula ulmaria, Rüstestaude
Foeniculum vulgare, Fenchel
Galium aparine, Labkraut
Galium verum, Labkraut, Echtes
Gentiana lutea, Enzian, Gelber
Geranium robertianum, Storchschnabel, Stinkender
Geum urbanum, Nelkenwurz, Echte
Glechoma hederacea, Gundelrebe
Glyzyrrhiza glabra, Süßholz
Hamamelis virginiana, Zaubernuß
Hedera helix, Efeu
Helleborus viridis, Nieswurz, Grüne
Hieracium pilosella, Habichtskraut
Humulus lupulus, Hopfen
Hydrastis canadensis, Orangewurz, Kanadische
Hyoscyamus niger, Bilsenkraut, Schwarzes
Hypericum perforatum, Tüpfel-Johanniskraut
Hyssopus officinalis, Ysop
Ilex aquifolium, Stechpalme, Gemeine
Ilex vomitoria, Stechpalme, Nordamerikanische
Indigofera tinctoria, Färber-Indigo
Inula helenium, Alant, Echter
Iris florentina, Schwertlilie, Florentiner
Isatis tinctoria, Färberwaid
Jasminum officinale, Jasmin
Juniperus communis, Wacholder
Lactuca virosa, Gift-Lattich
Laurus nobilis, Lorbeerbaum
Lavandula officinalis usw., Lavendel
Lawsonia inermis, Hennastrauch
Levisticum officinalis, Liebstöckel
Linum usitatissimum, Lein, Echter
Lippia citriodora, Zitronenstrauch
Lonicera periclymenum, Wald-Geißblatt
Lotus corniculatus, Hornklee, Gemeiner
Malva silvestris/rotundifolia, Wilde/Rundblättrige Malve
Mandragora officinarum, Alraunwurzel
Maranta arundinacea, Pfeilwurz, Schilfartige
Marrubium vulgare, Andorn, Gemeiner
Matricaria chamomilla, Kamille, Echte
Melissa officinalis, Melisse
Mentha citrata, Zitronen-Minze
Mentha piperita, Pfefferminze, Echte
Mentha piperita officinalis, Pfefferminze
Mentha pulegium, Polei-Minze
Mentha rotundifolia var. Bowles, Bowles-Minze
Mentha rotundifolia variegata, Ananas-Minze
Mentha spicata, Mentha crispa und *Mentha viridis,* Minze, Grüne
Mimosa acacia, Mimose
Monarda didyma, Indianernessel
Morus nigra, Maulbeerbaum, Schwarzer
Myristica fragrans, Muskatnußbaum, Duftender
Myrrhis odorata, Süßdolde
Nardostachys jatamansi, Narde, Indische
Nepeta cataria, Katzenmelisse
Ocimum basilicum, Basilikum
Olea europaea, Ölbaum
Ophioglossum vulgatum, Natternzunge
Origanum majorana / onites / vulgare, Majoran/Oregano
Panax schinseng, Ginseng
Papaver somniferum, Schlafmohn
Paeonia officinalis, Pfingstrose
Petasites vulgaris, Pestwurz
Petroselinum hortense, Petersilie
Pimenta officinalis, Nelkenpfeffer
Pimpinella anisum, Anis
Piper cubeba, Kubeben-Pfeffer
Piper nigrum, Pfeffer
Plantago major, Breitwegerich
Podophyllum peltatum, Maiapfel

Polygonum bistorta, Wiesenknöterich
Portulaca oleracea, Kohlportulak
Potentilla reptans, Fingerkraut
Primula officinalis, Wiesenschlüsselblume
Prunus amygdalus, Mandelbaum
Prunus spinosa, Schwarzdorn
Quercus robur, Eiche
Ranunculus repens, Hahnenfuß, Kriechender
Rorippa nasturtium-aquaticum, Brunnenkresse
Rosa canina, Hunds-Rose
Rosa rugosa, Strauchrose
Rosa rubiginosa, Weinrose
Rosmarinus officinalis, Rosmarin
Rubia tinctorum, Färberröte, Echte
Rubus fruticosus, Brombeere, Echte
Rumex acetosa, Sauerampfer
Rumex hydrolapathum, Flußampfer
Ruscus aculeatus, Mäusedorn
Ruta graveolens, Gartenraute
Salix alba, Silberweide
Salvia officinalis, Salbei
Sambucus nigra, Holunder, Schwarzer
Sanguisorba minor, Wiesenknopf, Kleiner
Satureja hortensis, Bohnenkraut
Satureja montana, Winter-Bohnenkraut
Scutellaria lateriflora, Helmkraut
Senecio jacobaea, Jakobs-Kraut
Senecio vulgaris, Greiskraut, Gemeines
Sesamum indicum, Sesam
Solanum nigrum, Nachtschatten, Schwarzer
Solidago virgaurea, Goldrute, Echte
Sphagnum, Torfmoos
Stachys officinalis, Heilziest
Stellaria media, Vogelmiere
Strychnos nux vomica, Brechnuß
Symphytum officinale, Schwarzwurz
Tanacetum vulgare, Rainfarn
Taraxacum officinale. Löwenzahn
Thymus citriodorus, Zitronen-Thymian
Thymus vulgaris, Thymian, Echter
Trifolium pratense, Rotklee
Trigonella foenum graecum, Bockshornklee
Tropaeolum majus, Kapuzinerkresse
Tulipa silvestris, Wald-Tulpe
Turnera aphrodisiaca, Turnera, Liebreizende
Tussilago farfara, Huflattich
Urtica dioica, Brennessel, Große
Valeriana officinalis, Baldrian
Vanilla planifolia, Vanille
Verbascum thapsiforme, Königskerze
Verbena officinalis, Eisenkraut
Vetiveria zizanioides, Khus-Khus
Vinca major, Immergrün
Viola odorata, Veilchen, Wohlriechendes
Viola tricolor, Ackerstiefmütterchen
Viscum album, Mistel
Zingiber officinale, Ingwer

Register

Kursive Zahlen weisen auf Abbildungen hin